"数智创艺"

人工智能与艺术设计新形态精品系列

微课版

AIGC

设计基础
教程

胡珊◎编著

人民邮电出版社

北 京

图书在版编目（CIP）数据

AIGC设计基础教程：微课版 / 胡珊编著. -- 北京：人民邮电出版社，2025. --（"数智创艺"人工智能与艺术设计新形态精品系列）. -- ISBN 978-7-115-67192-9

Ⅰ. TB21-39

中国国家版本馆CIP数据核字第20252F9N61号

内 容 提 要

本书以实际应用为导向，精选典型案例，深入浅出地介绍了 AIGC 的基础知识和 AIGC 工具在设计中的应用与实操方法。

本书共 8 章，主要内容包括初识 AIGC、AIGC 设计变革、AIGC 沟通技巧、AIGC 文本创作、AIGC 图像处理、AIGC 影音制作、AIGC 辅助编程、AIGC 综合实战。本书内容丰富，结构合理，案例讲解详细，适合作为本科院校和职业院校 AIGC 设计基础相关课程的教材，也可作为数字媒体、信息技术领域专业技术人员的参考书。

◆ 编　著　胡　珊
　　责任编辑　许金霞
　　责任印制　胡　南

◆ 人民邮电出版社出版发行　　北京市丰台区成寿寺路 11 号
　　邮编　100164　电子邮件　315@ptpress.com.cn
　　网址　https://www.ptpress.com.cn
　　临西县阅读时光印刷有限公司印刷

◆ 开本：787×1092　1/16
　　印张：11.75　　　　　　　　2025 年 8 月第 1 版
　　字数：356 千字　　　　　　　2025 年 8 月河北第 1 次印刷

定价：69.80 元

读者服务热线：(010)81055256　印装质量热线：(010)81055316
反盗版热线：(010)81055315

前言

✅

👍

在人工智能技术浪潮的推动下，AIGC（生成式人工智能）正在重新定义设计与创作的边界。从文本创作到图像生成，从音频编辑到视频制作，从代码编写到智能办公，AIGC不仅大幅降低了专业创作的门槛，还赋予人们前所未有的创作灵感，成为驱动数字化转型与生产效率跃升的核心引擎。掌握AIGC技术，读者不仅能够快速提高基础工具的应用能力，还能激发创造力与系统思维，在职业发展中构建差异化竞争力。

本书特色

本书按照"基础知识—案例实操—知识拓展"的思路编排内容，从初识AIGC概念到掌握AIGC沟通技巧，围绕文本创作、图像处理、影音制作、辅助编程这四个方面对AIGC技术的应用进行了详细的阐述，内容全面、实战性强；通过AIGC综合实战案例，提高读者使用AIGC在文案写作、艺术设计和新媒体领域的应用能力。

基础知识：详解介绍主流AIGC模型和AIGC工具，结合案例讲解AIGC工具的应用场景和操作方法，包括讯飞星火、文心一言、通义、智谱清言、腾讯文档AI助手、WPS AI、通义万相、剪映、腾讯混元、即梦AI、魔音工坊、海绵音乐等工具。

案例实操：结合AIGC在文本创作、图像处理、影音制作、辅助编程中应用的相关知识，精选典型案例并进行详细解析，以便读者能够快速掌握AIGC工具的操作方法与使用技巧，熟悉案例制作的基本思路，帮助读者更好地巩固所学知识，学以致用。

知识拓展：本书前7章均设置了知识拓展，提高读者在文案写作、艺术设计和新媒体领域的AIGC工具应用能力，帮助读者拓展思维，使其知其然，并知其所以然。

案例特色

精选典型案例
操作讲解详细

启发设计思路
开拓读者视野

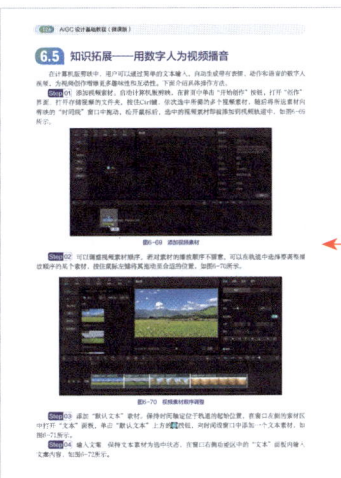

本书内容

本书从零开始，带领读者一步步探索AIGC在设计中的应用。全书共8章，全面覆盖了AIGC的基础知识与应用场景。

章	主要内容
第1章	介绍人工智能与AIGC的关系，以及主流AIGC模型和工具
第2章	介绍AIGC设计技术架构与设计流程的变革
第3章	介绍如何与AIGC工具进行高效沟通
第4~6章	介绍AIGC工具在文本创作、图像处理、影音制作中的应用
第7章	介绍如何利用AIGC技术辅助编程，提高编程效率
第8章	通过AIGC综合实战案例，提高读者的AIGC综合应用能力

配套资源

本书提供了丰富的资源，读者可登录人邮教育社区（www.ryjiaoyu.com），在本书页面中免费下载。

微课视频：本书典型案例均提供配套微课视频，扫描书中二维码即可观看。

素材和效果文件：本书提供所有案例需要的素材和效果文件，素材和效果文件均以案例名称命名。

素材文件　　效果文件

教学辅助文件：本书提供PPT课件、教学大纲、教案、拓展案例库、拓展素材资源等。

PPT课件　　教学大纲　　教案　　拓展案例库　　拓展素材资源

编者

2025年6月

目录

第8章
AIGC综合实战
159

第 1 章

初识 AIGC

随着科技的飞速发展，AIGC以独特的魅力和无限潜力，引领着内容创作的新风尚。从文本到图像，从音频到视频，它正以前所未有的速度渗透到人们生活的方方面面。本章将带领读者初步了解AIGC技术，其中包括人工智能与AIGC的关系、国内主流AIGC模型，以及AIGC主流工具。

1.1 人工智能与AIGC

人工智能（Artificial Intelligence，AI）技术的快速发展，催生了许多创新应用。其中，人工智能生成内容（AIGC）技术是最具代表性的成果之一。AIGC利用AI的强大数据处理和学习能力，自动生成各种形式的内容，如文字、图片、音视频等。本节将首先对人工智能和AIGC的相关概念及关系进行介绍。

1.1.1 什么是人工智能

人工智能是指通过计算机和算法模拟人类智能的技术，使机器能够像人类一样思考和行动，如学习、推理、理解语言、感知环境和做决策。其目标是让机器具备类似人类的智能，从而完成一些复杂的任务。

比如，自动驾驶汽车就是人工智能技术的一种应用。它利用传感器、机器学习和计算机视觉来感知周围环境，并做出驾驶决策。图1-1所示为智能驾驶示意图。再比如，人工智能辅助诊断系统能够通过分析医学影像，帮助医生检测病变，提高诊断准确性。图1-2所示为人工智能医院诊断示意图。这些都展示了人工智能在解决现实问题中的巨大潜力。

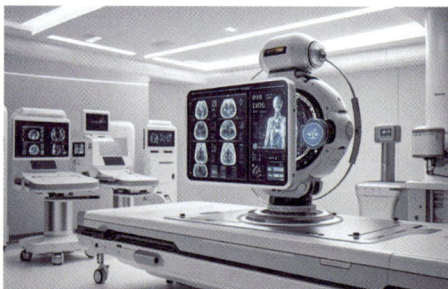

图1-1　智能驾驶　　　　　　　　　图1-2　人工智能医院诊断

人工智能的发展可分为三个阶段。

● 弱人工智能（Narrow AI）：机器专注于单一任务并执行得非常好，如语音助手Siri或Alexa，它们能通过语音识别和处理指令来执行任务，但无法超越预定范围。

● 强人工智能（General AI）：具备像人类一样的通用智能系统，能在多种复杂任务中自主学习和解决问题。

● 超人工智能（Superintelligent AI）：比人类在所有方面都更为智能的人工智能系统。它不仅能超越人类在特定领域的能力（如计算速度或记忆容量），还能够在逻辑推理、创造力、社交情商、问题解决等所有认知和非认知能力上超过人类。但目前超人工智能是一种假想的概念，还未真正实现。

1.1.2 人工智能的核心技术

人工智能之所以能模拟人类智能并完成复杂任务，离不开背后的核心技术支持。

1. 机器学习

机器学习（Machine Learning，ML）是人工智能的核心技术，通过训练算法从数据中学习模式和规律，并以此做出预测或决策。例如，购物网站的推荐系统会根据用户的浏览和购买记录，预测出用户可能喜欢的商品。深度学习是机器学习的一个重要分支，图像识别和语音翻译这类复杂任务往往依赖于深度学习技术。

2. 自然语言处理

自然语言处理（Natural Language Processing，NLP）是人工智能领域的重要研究方向，致力于让计算机能够理解、生成和与人类语言交互。比如，聊天机器人、语音助手（如Siri）和翻译工具（如Google翻译）就是这一技术的典型应用。当用户对语音助手说"明天的天气怎么样"，系统会通过NLP技术理解问题并返回答案。图1-3所示为智能音箱示意图。

3. 计算机视觉

计算机视觉技术（Computer Vision，CV）是人工智能的重要分支，赋予机器"看"的能力，使其能够分析和理解图像或视频内容。比如，人脸识别系统通过计算机视觉，能够快速识别人的面部特征。图1-4所示为手机人脸识别示意图。无人驾驶汽车也依靠计算机视觉技术来感知道路、行人和交通信号。

图1-3　智能音箱　　　　　　　　　　　图1-4　人脸识别

4. 生成对抗网络

生成对抗网络（Generative Adversarial Networks，GAN）是深度学习中的一种生成模型，是一种能生成逼真内容的技术，它由两个模型竞争合作完成任务，一个负责生成（生成器），另一个负责判断真伪（判别器）。利用GAN可以生成高度逼真的人像、艺术作品甚至虚拟场景，如流行的AI换脸技术和AIGC内容生成。

5. 机器人技术

机器人技术（Robotics）是一门跨学科领域，结合了人工智能、机械工程和控制系统，使机器具备感知、行动和交互能力的技术。比如，扫地机器人能自动感知房间布局并规划清洁路径，工业机器人可以在生产线上精准完成装配任务，如图1-5所示。

（a）扫地机器人的应用　　　　　　　（b）工业机器人在流水线的应用

图1-5　机器人的应用

6. 知识图谱

知识图谱（Knowledge Graph，KG）是将信息以网络形式存储和关联的一种技术，帮助机器理解复杂的语义和逻辑关系。例如，在搜索引擎中输入"莎士比亚"，系统会通过知识图谱展示他的生平、代表作和相关信息，提供更直观的结果。

1.1.3　人工智能的应用领域　🔍

人工智能正在改变人们的生活方式和工作模式，其应用已经深入各行各业。

1. 医疗保健

人工智能在医疗领域的应用为疾病诊断和治疗提供了强有力的支持。例如，AI系统可以通过分析医学影像快速检测癌症病变，比传统方法更高效、更准确。同时，人工智能还能协助药物研发，大幅缩短研发周期。此外，健康监测设备，如智能手环，可以实时收集用户数据，帮助预防和管理慢性疾病。

2. 道路交通

在交通领域，人工智能的影响随处可见。自动驾驶技术就是其中的代表。它通过计算机视觉和传感器技术，帮助车辆感知环境并安全驾驶。此外，人工智能还被用于优化交通灯系统、预测拥堵情况，为城市交通提供更高效的管理方案。打车软件如滴滴，都是利用AI算法智能匹配乘客和司机，提高出行效率。

3. 教育培训

人工智能使教育更加智能化和个性化。例如，在线学习平台利用人工智能技术，根据学生的学习进度和兴趣，定制化推送教学内容。很多在线教育App能帮助学生拍照解答数学题并提供详细步骤，让学习更加便捷。此外，虚拟教师和AI课堂互动工具也提升了远程教育的吸引力和效率。

4. 金融服务

在金融领域，人工智能提高了风险管理能力。银行可以利用AI技术进行信用评估和反欺诈检测，通过分析用户交易数据及时发现异常行为。此外，智能投顾服务可以根据用户的投资目标和风险偏好，提供定制化的理财建议。

5. 娱乐创作

人工智能让艺术创作领域焕发了新的活力。流媒体平台利用AI推荐算法，根据用户的观看或收听历史，精准推荐内容。人工智能还可以生成艺术作品，如AI绘画、音乐创作和虚拟角色制作。"AI作曲家"已经能创作出优美的音乐，甚至用于电影配乐中。

6. 工业制造

工业领域同样受益于人工智能的快速发展。在智能工厂中，人工智能驱动的机器人可以替代人工进行组装、检测和包装工作，大幅提高生产效率。此外，人工智能还被用来预测设备故障，避免生产中断。

7. 零售电商

人工智能改变了传统零售行业的购物体验。电商平台通过AI推荐系统分析用户的购买偏好，为每位顾客提供个性化的商品推荐。线下无人超市利用AI技术实现自动结算，大幅减少了排队等待的时间。

1.1.4 AIGC与人工智能的关系

人工智能生成内容（AI-Generated Conter，AIGC）指的是利用人工智能来生产内容。该技术主要基于自然语言处理、计算机视觉等人工智能底层基础技术及能力，它能快速理解用户输入的指令信息，并能自动生成相关的文本、图像、音频、视频、代码等内容，为用户提供了极大的方便。

人工智能是一个广义的技术领域，AIGC是人工智能技术的一个具体应用。二者之间既有紧密的联系，又有各自的特点。人工智能为AIGC提供底层技术的支持，AIGC则利用这些技术来解决内容生成问题的具体方式。虽然AIGC依托于人工智能技术，但二者在应用范围和目标方向上存在明显的差异。

1. 应用范围不同

人工智能是一个涵盖广泛的技术领域，其应用包括医疗诊断、自动驾驶、智能客服、语言翻译、数据分析等多个方面。它的核心目的是通过算法和计算能力模拟、增强甚至超越人类的认知和决策能力。而AIGC是人工智能技术的一个子领域，专注于内容生成。例如，文字、图像、音频、视频等创意型内容的自动化生产。可以说，AIGC是人工智能在内容创作领域的具体体现。

2. 目标导向不同

人工智能的主要目标是模拟智能行为，通过学习和推理解决问题。例如，在金融领域，它可以分析市场数据并预测趋势。而AIGC的目标更偏向于创造力，旨在生成具有艺术性和实用性的内容，如撰写文章、绘制图像或制作音乐，满足人类对创意和表达的需求。

3. 技术侧重点不同

人工智能的技术范围更广，涵盖监督学习、强化学习、自然语言处理、图像识别等多个方向。而AIGC主要依赖生成类技术，如生成对抗网络和基于Transformer的模型（如GPT、DALL-E）。AIGC的技术重点是如何生成高质量、创新性强的内容，而不是仅仅完成数据处理或分析。

4. 应用体验存在差异

人工智能的许多应用更注重结果的准确性和效率，如提升自动驾驶的安全性或改进金融预测的可靠性。而AIGC更注重用户体验，强调生成内容的美观性、逻辑性和情感共鸣。例如，AIGC工具可以为用户创作独特的品牌文案或设计原创海报，更贴近人类的创意需求。

1.1.5　AIGC的发展史

AIGC技术从20世纪50年代的萌芽阶段到现在的快速发展阶段，经历了从实验性应用向实用性转变的过程。随着技术的不断进步和应用场景的拓展，AIGC将在更多领域发挥重要作用，并深刻改变人们的工作方式和生活方式。

1. 早期萌芽阶段（1950—1990年）

在这一阶段，由于当时科技水平的限制，AIGC技术主要被用于小范围的实验，生成的内容在真实感和质量方面均存在一定的局限。

- 1950年，被誉为"人工智能之父"的艾伦·麦席森·图灵提出的图灵测试预示了AI在内容创造上的潜力。
- 1957年，历史上第一首完全由计算机"作曲"的音乐作品《*Illiac Suite*》诞生，标志着AIGC技术进入早期萌芽状态。
- 1966年，世界第一款可人机对话的机器人Eliza诞生。
- 1980年中期，IBM创造了语音控制打字机Tangora。

2. 沉淀积累阶段（1990—2010年）

在这一阶段，AIGC技术在自然语言处理、计算机视觉等领域取得了显著进展，为后续的快速发展奠定了基础。

- 2006年，深度学习算法、图形处理器、张量处理器等都取得了重大突破，为AIGC技术的发展奠定了坚实的基础。
- 2007年，第一部完全由人工智能创作的小说《*1 The Road*》问世。

3. 快速发展阶段（2010年至今）

在这一阶段，AIGC技术不仅在图像、音频、视频等领域取得了显著进展，还在文本生成领域取得了巨大成功。同时，AIGC的应用场景也日益丰富，涵盖了内容创作、智能客服、艺术创作、广告设计、语音合成、音乐创作、动画制作等多个领域。

- 2010年，随着深度学习模型的不断迭代和大数据的积累，AIGC技术迎来了快速发展期。
- 2012年，微软公开展示了一个全自动同声传译系统，可以自动将英文演讲者的内容通过语音识别、语言翻译、语音合成等技术生成中文语音。
- 2014年，生成对抗网络的提出成为AIGC发展的重要里程碑，它标志着AI在图像生成领域取得了重要突破。
- 2020年，扩散模型（Diffusion Model）的发展进一步提升了AI绘画水平。
- 2021年，CLIP模型出现，OpenAI推出DALL-E，主要应用于文本与图像交互生成内容。
- 2022年，OpenAI推出GPT3.0，以AI模型推动的生成算法和预训练模型创新迎来爆发。

● 2023年，ChatGPT等大型语言模型的普及使得AIGC在文本生成领域取得了巨大成功。随后，国内的百度、科大讯飞、阿里巴巴等几大科技公司也相继开发出广为人知的语言大模型，并得到了广泛应用。

1.1.6 AIGC的应用领域

AIGC技术在多个领域展现了强大的应用潜力和实际价值。它不仅提高了人们的工作效率和生产力，还推动了各行各业的创新和发展。图1-6所示为AIGC的主要应用领域。

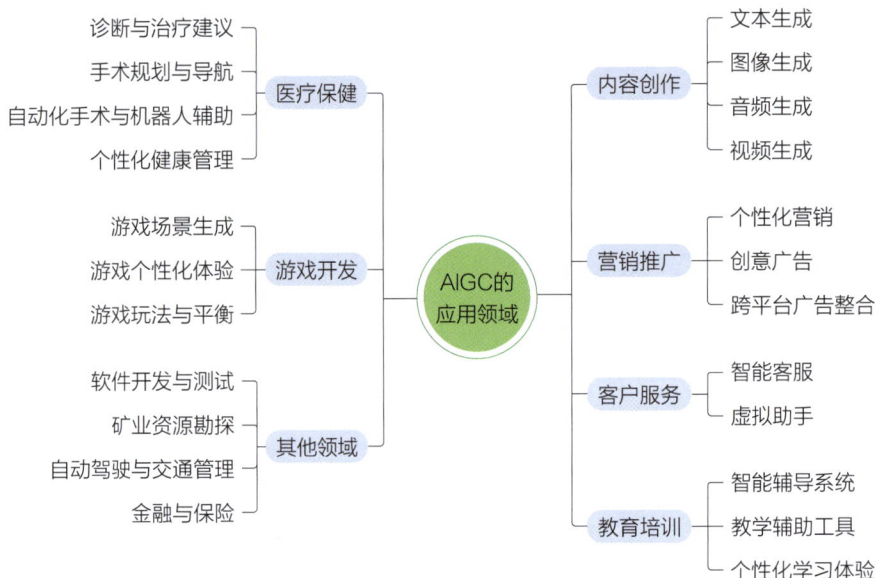

图1-6 AIGC的主要应用领域

1. 内容创作

AIGC技术在内容创作领域发挥着重要的作用，它能够自动生成各种形式的内容，包括文本、图像、音频、视频等。

● 文本生成：利用AIGC技术可以快速生成新闻报道、广告文案、电商商品描述等大量高质量的文本内容。例如，新闻机构可以利用AIGC工具根据实时数据生成即时新闻，大幅缩短了新闻发布的周期。

● 图像生成：AIGC技术可根据用户输入的关键词或要求生成图像，从而满足人们的特定需求。例如，设计师们可以利用AIGC工具快速生成初步设计方案，节省了时间和精力。

● 音频生成：AIGC技术可以合成语音，将文本转换为自然流畅的语音输出。这在语音助手、有声读物等领域具有广泛应用。另外，在音乐创作领域，可利用AIGC工具进行辅助创作，从而生成初步的旋律和歌词。

● 视频生成：AIGC技术能够生成短视频、预告片等视频内容。电影制作公司可以利用AIGC工具快速生成影片预告视频，强化宣传效果。社交媒体行业可利用AIGC工具生成热门短视频内容，以增加用户的黏度。

2. 营销推广

在营销推广领域，AIGC技术通过个性化营销、创意广告生成、跨平台广告整合等方式，可以显著提升品牌曝光率和用户参与度。

● 个性化营销：根据用户数据和行为特征可快速生成特定营销内容，从而提升品牌曝光率和用户参与度。例如，电商平台可以根据用户的购物历史和偏好，利用AIGC技术生成个性化推荐信息，提高转化率。

● 创意广告：利用AIGC技术可帮助广告策划公司生成多样化的广告创意，以此吸引目标受众的注意力。

● 跨平台广告整合：利用AIGC技术能够实时分析市场数据，预测消费者行为，帮助企业制定更有效的营销策略。企业可以对此次营销活动进行评估，为日后的营销提供有力的数据支持。另外，AIGC技术还可将不同平台的广告资源进行整合，实现统一的广告投放和管理。

3. 客户服务

在客户服务领域，通过智能客服、虚拟助手等技术手段，可让企业更高效地处理客户问题，提供个性化的服务体验。

● 智能客服：企业可利用AIGC技术开发智能客服系统，自动回复用户问题，提供产品信息和解决产品常见问题。该系统可在多个平台运行，包括网页、移动端和社交媒体。这不仅提高了客户服务效率，还减少了人工成本。

● 虚拟助手：利用虚拟助手系统可帮助用户完成日常任务。例如，智能家居系统中的虚拟助手可以根据用户的指令控制家电设备，提供便捷的生活体验。

4. 教育培训

在教育培训领域，利用AIGC技术可提升教学效率和学习效果。通过智能辅导系统、教学辅助工具和个性化学习体验，AIGC技术为传统教育领域开辟了新的方向。

● 智能辅导系统：根据学生的学习情况生成个性化的学习计划和练习题。按照学生答题情况和学习进度自动调整教学内容与难度，确保每位学生都能以最适宜的方式学习。

● 教学辅助工具：教师利用AIGC工具可快速生成自动化课件和评估系统，以此减轻工作负担。此外，借助互动式教学工具可以增强课堂参与度。该工具还可以分析学生的学习数据，有助于教师更好地了解学生的学习状况，从而做出相应的教学调整。

● 个性化学习体验：AIGC技术可帮助教育机构实现个性化学习。具体而言，借助虚拟现实（Virtual Reality，VR）和增强现实（Augmented Reality，AR）技术，可为学生提供沉浸式学习体验。另外，还能为有特殊需求的学生（残障学生）提供定制化服务。例如，通过语音识别和文本识别技术可以帮助有视觉或听觉障碍的学生更好地参与学习。

5. 医疗保健

AIGC技术在医疗保健领域也发挥着重要的作用，使医疗流程变得更精准、高效且个性化。

● 诊断与治疗建议：通过扫描和分析医学影像资料，如X光片、MRI等，可以快速、准确识别疾病，帮助医生早期发现病变，为患者提供最佳的治疗方案。

● 手术规划与导航：利用AIGC技术可以对患者的解剖结构进行精确的三维重建，为手术提供虚拟规划。在手术过程中，通过实时图像导航系统辅助医生准确定位病变和重要结构，提高手术的精确性和安全性。

● 自动化手术与机器人辅助：通过机器学习算法控制手术机器人进行自动化手术操作，如切割、缝合等，可以提高手术速度和准确性。它还可以监测手术过程中的生理信号，为医生提供及时反馈，帮助调整治疗策略。

● 个性化健康管理：结合物联网、大数据等技术，可为个人提供个性化健康管理方案，帮助人们更好地保持身心健康。例如，智能手表、手环等设备通过内置的传感器采集心率、睡眠质量、步数等数据，并利用AIGC模型对这些数据进行处理和分析，可使用户更好地了解自己的健康状况，及时调整生活习惯或采取相应的医疗措施。

6. 游戏开发

在游戏开发领域，利用AIGC技术可以生成逼真的游戏场景和角色动作，为玩家提供个性化游戏体验，同时，基于海量玩家数据持续优化数据玩法和平衡性，可提高游戏的沉浸感和趣味性。

● 游戏场景生成：利用AIGC技术能够自动生成游戏地图、角色、物品等元素。例如，通过算法可以生成复杂的地形、建筑布局和植被分布，减少手动设计的工作量。同时，AIGC还可以用于生成多样化的游戏角色和装备，以及富有深度和情感的游戏剧情和对话。

● 游戏个性化体验：根据每个玩家的偏好和行为模式生成不同的任务和情节，以提供个性化的游戏体验。

● 游戏玩法与平衡：AIGC技术能够基于游戏目标自动生成或优化关卡布局和难度，使游戏体验更具挑战性和乐趣。通过分析玩家行为和反馈，可以帮助游戏开发者发现新的游戏机制和策略，进一步创新游戏玩法。

7. 其他领域

除了以上几大领域外，AIGC还可用于软件开发与测试、矿业资源勘探、自动驾驶与交通管理、金融与保险等领域。

● 软件开发与测试：AIGC技术可以帮助开发人员自动生成软件文档部分代码，并进行自动化测试，减少手动编写代码的工作量，提高软件的质量。

● 矿业资源勘探：AIGC技术可助力矿山建设，实现地质测量、采矿、选矿等各环节的智能化升级。

● 自动驾驶与交通管理：利用AIGC技术可提升自动驾驶系统的感知、决策和控制能力，提高自动驾驶的安全性和可靠性。另外，在交通系统中应用AIGC技术可优化管理，提高出行效率和安全性。

● 金融与保险：AIGC技术可通过分析大量金融数据，帮助金融机构进行风险评估和欺诈检测，提高金融安全。

1.2 主流AIGC模型

AIGC模型工具种类繁多，讯飞星火、文心一言、通义、智谱清言等几个大模型颇受欢迎。

1.2.1 讯飞星火

讯飞星火是科大讯飞公司旗下的一款集成了多种人工智能技术的认知智能大模型，它能够与用户进行自然的对话互动，并在对话中提供内容生成、语言理解、知识问答、推理和数学能力等多方面的服务，图1-7所示为其官网首页。

图1-7　科大讯飞官网首页

相较于其他模型，讯飞星火的逻辑推理和数学能力较为出色。用户只需提供推理或数学问题，系统就会通过分析问题的前提条件或假设来推理出答案或解决方案，如图1-8所示。

除以上功能外，讯飞星火模型还具有以下几个核心功能。

● 语音输入与实时转文字：用户可以长按输入框的语音按钮，将语音实时转为文字并发送。该功能特别适用于需要频繁输入文字的场景。

● 文本朗读与发音人切换：支持文本朗读功能，单击"播放"按钮可听取语音回答。还提供不同发音人的切换选项，以满足用户的个性化需求。

● 多模态输入与数学公式识别：支持多模态功能，包括数学公式识别。对于数学题目，它可以识别图片中的考题，并给出正确答案。

● 智能助手与多场景应用：提供包括生活、职场、营销、写作等多场景的智能助手。用户可以在对话框中输入"@"快速调用这些助手，以完成制作PPT大纲、写文案、整理周报、编故事等任务。

● 开放式知识问答与多轮对话：具备开放式知识问答的能力，可以进行逻辑和数学能力升级，以及实现多轮对话能力。

● 文档处理与高级功能：支持上传文档并进行针对性问答，且兼容中英文。此外，讯飞星火还能对文档执行多项高级功能，包括图像理解、OCR文字识别、PPT自动生成以及Excel数据分析等，满足多样化的处理需求。

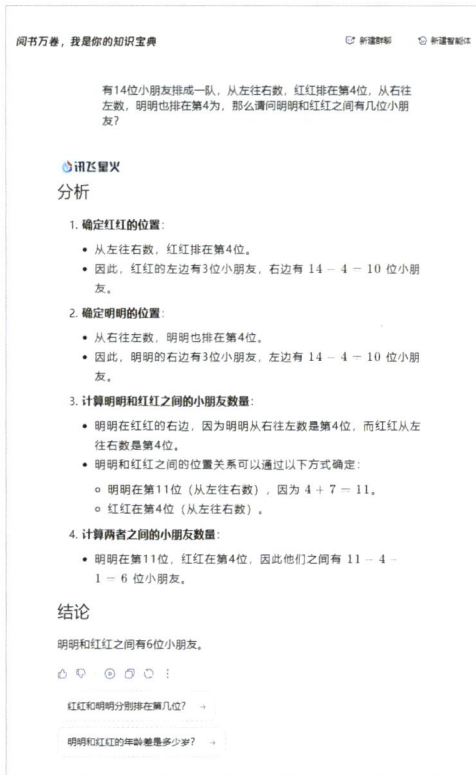

图1-8　讯飞星火应用实例

1.2.2　文心一言

文心一言工具是百度推出的一款基于人工智能技术的自然语言处理工具，它能够高效理解和处理文本数据，提升语言任务的性能，如图1-9所示。

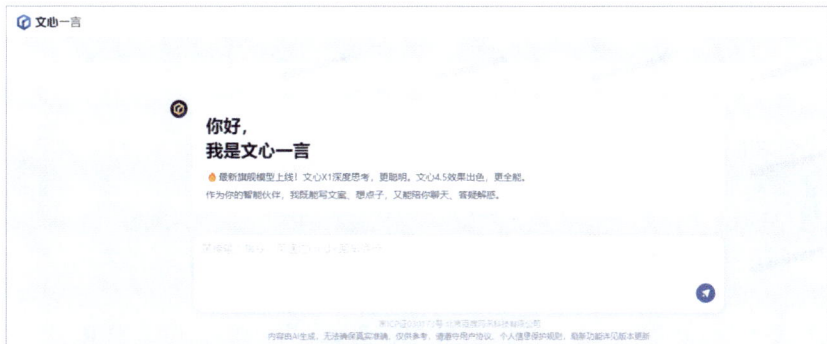

图1-9　文心一言界面

文心一言具备的功能如下。

● 智能问答：能够准确理解用户的问题，并给出恰当的回答。

● 文本创作：具备强大的文本创作能力，包括文学创作、商业文案创作等。用户只需提供关键词或主题内容，即可生成一篇富有文采的文章。

● 智能提醒：根据用户的日程和习惯，可以智能提醒用户进行相应的操作，如设置会议提醒、生日提醒等。

● 语音翻译：具备语音翻译功能。用户可提供需翻译的语句，系统会自动翻译成其他语言。

● 图片创作：根据用户提供的关键字或主题内容，可生成相应的图片，以此满足用户的创作需求。

与其他模型相比，文心一言在文章创作方面比较强大。用户只需输入文章提示词或主题，AI系统就能够准确理解用户意图，并给出恰当的文章内容，如图1-10所示。

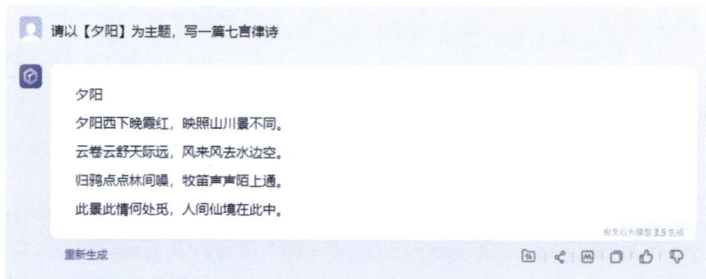

图1-10 文心一言应用实例

1.2.3 通义

通义是阿里云推出的一款先进的人工智能问答系统，具备广博的知识、高效的实时响应和持续学习能力，如图1-11所示。

图1-11 通义官网首页

通义具备的功能如下。

● 丰富的知识库：内置庞大的知识库，涵盖生活、科技、文化、历史、体育等多个领域，提供准确的信息和答案。同时，会动态更新知识库，确保提供的信息是最新的。

● 灵活的问答模式：支持单轮问答、多轮问答、相似问题检索等多种问答模式。能够与用户进行连贯的对话交流，理解对话上下文，满足不同场景的问答需求。

● 多语言支持：可处理和生成多种语言的内容，实现跨语言沟通与信息获取。

● 文案创作与逻辑推理：根据用户需求生成各类文章、故事、新闻稿件、广告语、产品说明等文案，同时进行一定程度的逻辑分析和推理，给出合理解答。

通义具有强大的知识处理与问答能力。它能够理解和处理多元化的知识输入形式，如文本与图像等，这让它在处理复杂问题时更具竞争力。另外，通义采用先进的语义理解算法，能够深度解析用户的提问意图，实现对问题的精准定位。通过关键词提取、上下文分析等技术手段，即使是在用户表述模糊或存在歧义的情况下，也能给出最符合用户需求的答案。通义常用于信息查询、学习辅导、办公助手、生活娱乐等领域，如图1-12所示。

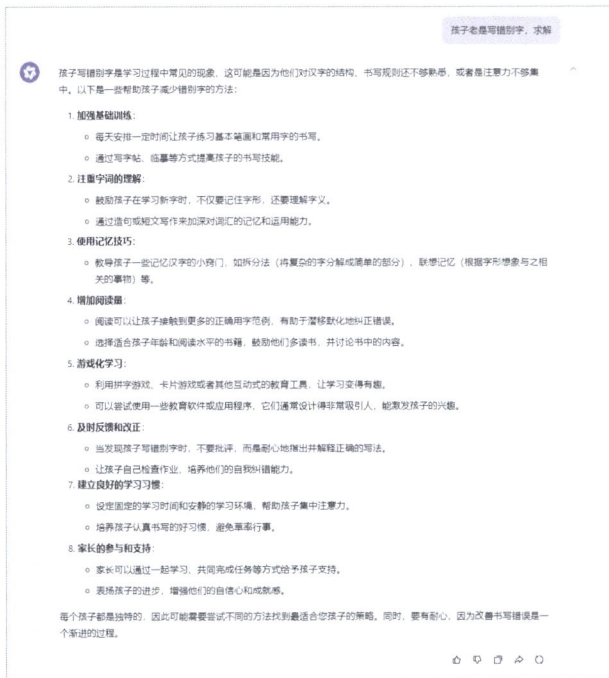

图1-12　通义应用实例

1.2.4　智谱清言

智谱清言大模型是由智谱AI团队研发的一种高性能的语言模型，它能针对用户提出的问题和要求，提供恰当的答复和支持。其涉及的领域包括科技、教育、历史、文化、生活等。其官网首页如图1-13所示。

图1-13　智谱清言官网首页

智谱清言具备的功能如下。

● 问答与对话：能够通过精准的prompt指令模拟各种交流情境，从而生成具有针对性的对话样例。

● 知识生成与文本创作：模型可以生成与特定主题相关的知识、文本或回答，如创作诗歌、小说等。

● 数据分析与可视化：通过分析用户上传的文件或数据说明，模型可以帮助用户分析数据并提供图表化的能力。

● 智能体定制与应用：用户可以根据自身需求创建和配置智能体，实现自动化客户服务、数据挖掘等复杂任务。其智能体中心提供了多种类型且具备不同技能的智能体，以供用户选择和使用。

智谱清言在数据处理、分析方法、代码生成与执行等方面表现得较为出色。用户可以将需要分析的数据表上传至平台，提出处理要求，系统会根据要求迅速对表格数据进行分析，并反馈处理结果，如图1-14所示。

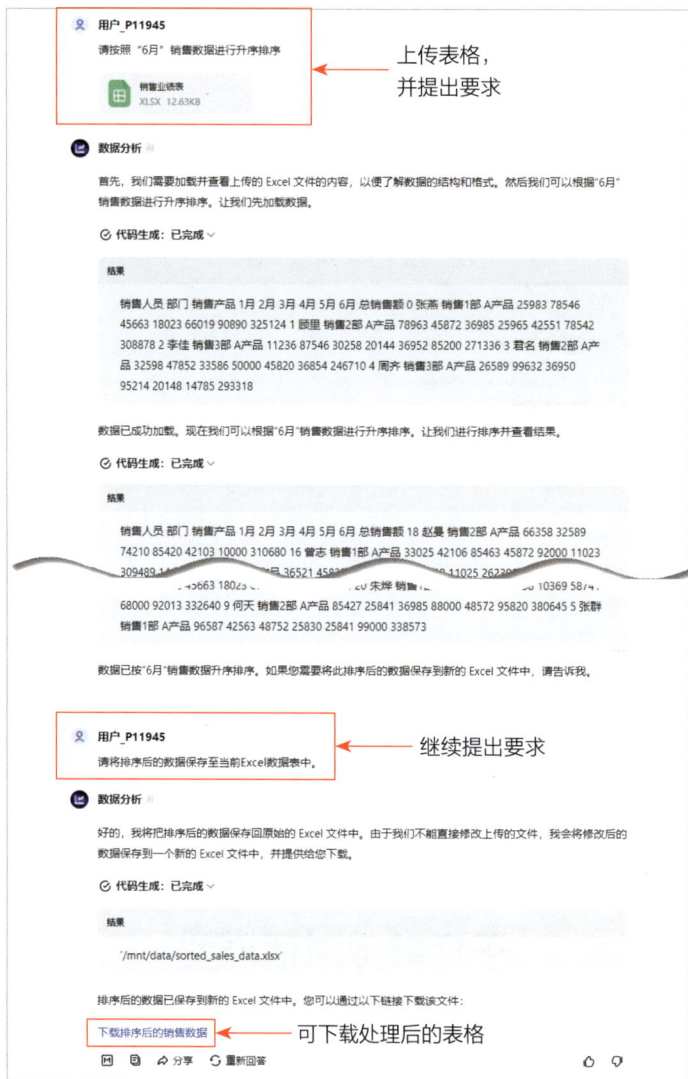

图1-14　智谱清言应用实例

1.3　AIGC与工具应用

在日常工作中应用AIGC技术可以提高工作效率，激发创新潜能，提升工作水平。本节将着重介绍AIGC技术对办公领域的影响及其发展，以及主流AIGC工具。

1.3.1　AIGC的优势

传统的工作模式往往依赖于人工的重复劳动，不仅耗时费力，还容易在数据处理、内容创作等环节出现错误或遗漏。而AIGC技术的融入不仅改变了以往的工作模式，还带来了诸多显著优势。

1. 提高工作效率

AIGC技术最直观的意义在于极大地提升了工作效率。传统的工作模式，如文档撰写、数据分析、图表制作等，往往需要人工花费大量时间和精力。而借助AIGC工具，只需简单输入指令或设定参数，就能迅速生成高质量的内容，大大缩短了工作时间，让员工有更多精力投入创意策划、决策制定等更具价值的工作。

2. 激发创意灵感

AIGC技术具备强大的创新创造力，能够生成新颖、独特的内容。这对于需要频繁进行创意构思和设计的岗位来说尤为重要。通过AIGC，设计师可以获得更多的灵感和创意，从而高效地完成设计任务。同时，AIGC还可以帮助设计师探索新的创意方向，拓展工作领域。

3. 优化决策

AIGC还能为决策者提供强有力的数据支持。通过深度学习算法，AIGC能够分析海量数据，识别趋势，预测未来走向，从而为决策者提供基于数据的洞察和建议。这种能力不仅提高了决策的科学性，还降低了因主观判断失误带来的风险，使企业运营更加稳健。

4. 提升团队协作效率

在团队协作方面，沟通和协调是至关重要的。AIGC技术能够通过智能会议系统、项目管理工具等，实现团队成员之间的无缝沟通和高效协作。这有助于团队更好地共享信息、分配任务和解决问题。此外，它还能辅助项目进度管理，实时跟踪任务的完成情况，从而推进团队间的无缝对接与高效协同。

5. 优化办公流程

AIGC技术能够自动化许多办公流程，如会议安排、邮件发送、任务分配等。这减少了人为错误和延误，提高了办公流程的流畅性和准确性。AIGC技术还能够根据员工的偏好和工作习惯，提供个性化的办公体验，使员工更加满意和高效。

1.3.2 AIGC的发展 🔍

AIGC的未来发展将呈现多方向的突破与创新，这些方向将深刻影响办公效率、内容创作、人机协同等多个层面。

1. 多模态融合

未来的生成技术将能够更好地处理和整合不同类型的数据，如文字、图片和声音等。这种融合可以创造出更为逼真和引人入胜的内容，提升用户体验和交互性。

2. 智能反馈与自适应优化

通过引入用户的反馈，生成器可以自适应地调整生成策略，以不断改进内容质量。这种机制类似于人类创作过程中的不断修改和优化，有助于提升生成内容的连贯性和质量。

3. 新型生成模型的演变

随着技术的不断进步，人们会看到更多创新的AIGC模型出现。这些新模型不仅能够提高生成内容的质量，还会让AI系统更好地理解内容的结构和意义，从而创造出更有逻辑性和连贯性的作品。

4. 超级入口的形成

未来的应用程序可能变得更加智能和便捷，只需要通过简单对话，它就能完成各种复杂的任务，如信息查询、智能家居控制等。

5. AIGC技术的普惠化

随着AI技术的普及，更多的人将有机会接触并使用AIGC。这不仅会创造新的工作机会，如数据采集和模型开发等，还会让AIGC的应用在各个领域更加广泛和深入。

1.3.3 主流AIGC工具

不同的领域使用的AIGC工具也不同。本节将对文本创作、图像设计、影音生成这三个领域的工具进行介绍。

1.文本创作工具

文本创作工具包含很多功能,如智能写作、内容摘要、文章翻译等。目前,比较好用的工具也有很多。下面就以腾讯文档AI助手工具为例,介绍文本创作工具的常规用法。

腾讯文档AI助手是腾讯推出的智能化办公辅助工具,深度集成于腾讯文档平台,致力于为职场办公、团队协作和个人创作提供高效、智能的文本处理服务。借助腾讯的AI技术与云端协同能力,AI助手能够帮助用户自动化生成、优化和管理文档内容,提升工作效率,解决烦琐的日常办公需求,如图1-15所示。用户可以根据需求单击相应的指令按钮,进行文档创作。例如,文档写作、问答、搜索资料、网页内容摘要、文档翻译等,图1-16所示为AI翻译功能。

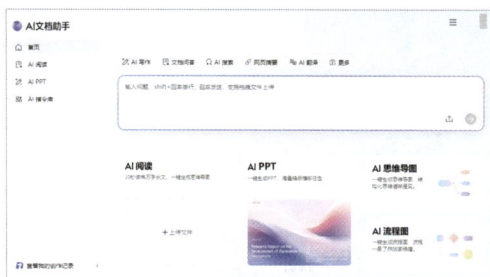

图1-15 AI文档助手应用界面

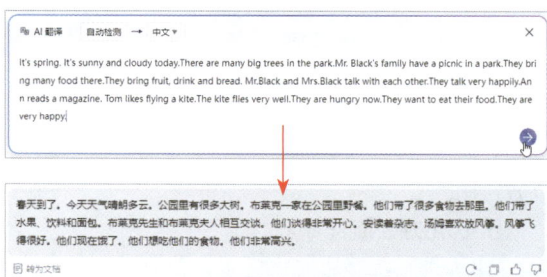

图1-16 AI翻译功能

除了以上基础功能,单击"AI阅读"选项可进入"AI阅读"界面,用户可将文档上传至平台,系统会根据需求对文档进行总结、关键词摘录、深度分析等操作,如图1-17所示。

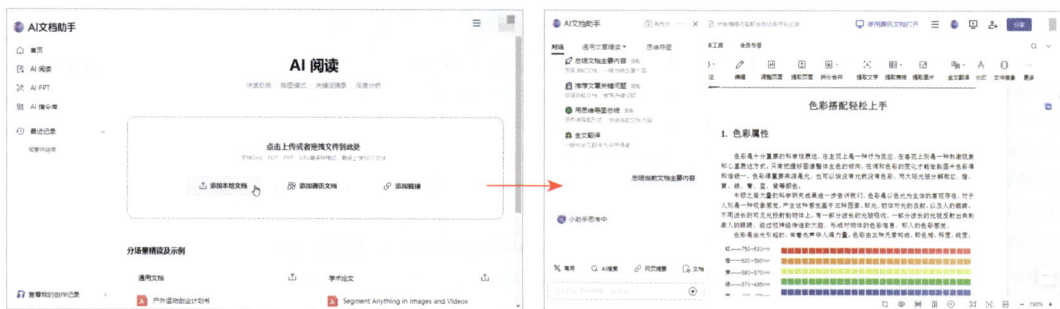

(a)"AI阅读"界面

(b)"AI阅读"应用实例

图1-17 AI阅读

在"AI指令库"界面,可以根据需求创建其他常用指令选项。例如,活动策划、视频脚本、写论文提纲等,使生成的内容更加贴合用户的创作需求,图1-18所示为添加"视频脚本"指令。

操作技巧

除了腾讯文档AI助手这类综合性能较强的工具,还有一些专注文章写作的AI小工具,如秘塔写作猫、悉语AI写作、新华妙笔等。这些小工具各具特色。秘塔写作猫偏向于学术论文领域;悉语AI写作侧重于营销文案创作领域;新华妙笔侧重于公文辅写领域。

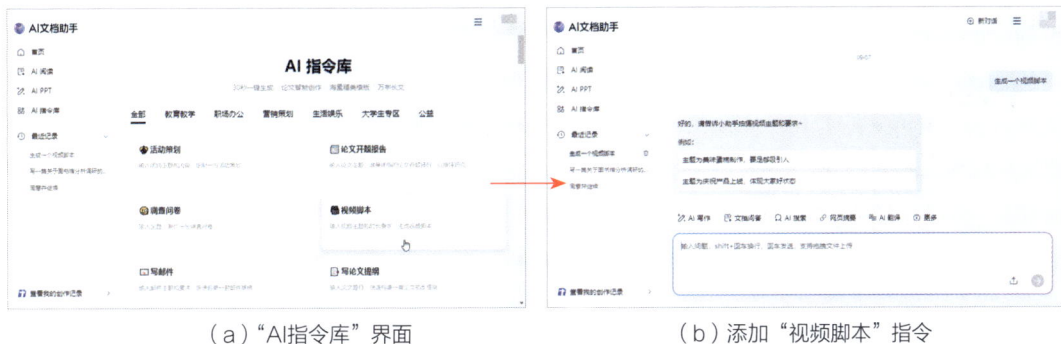

（a）"AI 指令库"界面　　　　　　　　（b）添加"视频脚本"指令

图1-18　创建常用指令

2. 图像设计工具

常用的图像设计工具有很多，如即梦AI、通义万相、文心一格、即时设计等。下面以通义万相为例，介绍图像设计工具的常规使用。

通义万相是阿里云推出的AIGC图像生成工具，以高质量图像生成、电商场景优化和创意视觉内容支持等功能，成为图像设计领域的高效利器。无论是电商商家、内容创作者，还是企业品牌设计者，都可以通过通义万相快速实现专业视觉创作，助力高效内容输出，其官网首页如图1-19所示。通义万相每天赠送50个灵感值，每生成一张图片会消耗1个灵感值，所以基本上是免费的。

图1-19　通义万相官网首页

通义万相具备的功能如下。

（1）AI图像生成

● 文本生成图像。用户只需输入简洁的文字描述或关键词，即可快速生成符合需求的高清图像。

● 支持多风格图像。支持多种图像风格生成，包括艺术插画、油画风格、卡通风格、赛博朋克风等，满足用户个性化创作需求。

（2）电商视觉优化

● 生成高质量商品图。能够生成视觉吸引力强、符合电商平台标准的商品图，适用于电商场景。

● 智能背景替换与优化。AI技术可自动识别主体并替换背景，生成符合品牌定位的商品宣传图，提升视觉效果与专业度。

（3）创意视觉内容生成

● 生成品牌海报与广告设计。支持一键生成创意海报，自动匹配视觉风格与广告主题，助力品牌宣传与广告创作。

● 生成插画与创意素材。可以生成个性化插画、社交媒体配图、短视频封面等，满足内容创作者的多样化需求。

（4）批量图像生成与高效输出

● 批量生成与修改。支持批量生成多版本图像，适用于电商商品的多场景展示，极大提高工作效率。

● 高清图像输出。支持输出高分辨率图像，确保图像在多平台发布时保持最佳质量。

示例：使用通义万相进行智能扩写、生成画作。

Step 01 进入"文字作画"界面，在左侧选项栏中描述图片场景。如果没有思路，可输入主题关键词，单击"智能扩写"按钮，即可扩写关键词，如图1-20所示。单击"选择创意模板"按钮可以选择生成的风格，如图1-21所示。

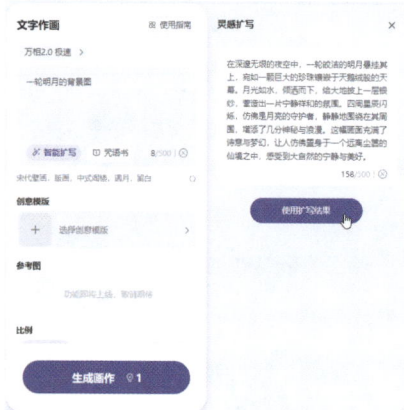

图1-20 智能扩写应用实例

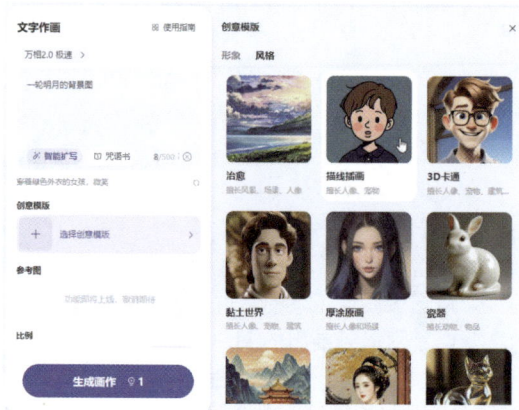

图1-21 创意模板生成界面

Step 02 在"比例"选项中可设定图片的大小，单击"生成画作"按钮，即可生成四张图片供用户选择，如图1-22所示。选择一张比较满意的图片，单击下载按钮，并选择下载方式可下载该图片，如图1-23所示。单击图片，进入编辑界面，在此可使用相应的编辑工具对当前图片进行调整，如图1-24所示。

图1-22 画作生成界面

图1-23 下载界面

图1-24 图片编辑界面

3. 影音生成工具

对于影音生成工具来说，剪映是比较受欢迎的工具。它是一款全能型AI视频创作工具，集视频剪辑、特效处理、音频合成等功能于一体，助力用户快速、高效地完成音视频创作，其应用界面如图1-25所示。

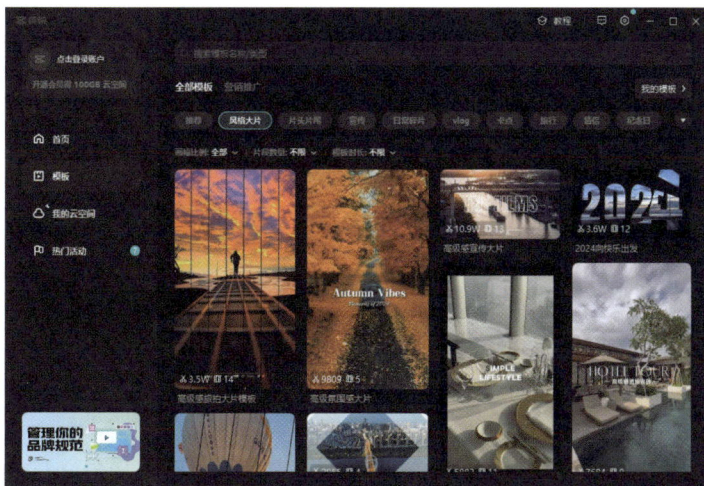

图1-25　剪映应用界面

剪映工具的界面比较友好，操作相对较为简单，适合零基础用户快速上手。此外，它与抖音平台无缝衔接，方便视频发布。剪映具备的功能如下。

● 自动剪辑：智能分析素材，自动完成视频剪辑、镜头拼接，适合Vlog、短视频制作。

● 智能识别与字幕生成：自动识别视频中的语音，生成字幕，支持多种字体样式。

● 丰富的AI视觉特效：提供丰富的AI视觉特效，包括画面滤镜、动态贴纸、转场特效等。AI自动识别面部特征，以提供自然美颜效果。

● AI语音合成：支持文本转语音配音，提供多种音色选择。此外，根据视频内容自动推荐合适的背景乐。

除了剪映工具，还有其他一些视频生成工具也很好用。例如，即梦AI、腾讯混元文生视频、豆包AI等。这些工具可通过关键词或提供的图片生成一段视频素材。下面以腾讯混元文生视频工具为例，介绍视频生成常规操作。

腾讯混元文生视频是腾讯依托其自研的混元大模型推出的AI驱动的文本生成视频工具。该工具通过AIGC技术，帮助用户将文字描述快速转化为动态视频内容。它不仅降低了视频制作的技术门槛，还极大提升了创作效率与内容质量，适合个人创作者与企业快速生成视频，其官网首页如图1-26所示。

图1-26　腾讯混元文生视频官网首页

腾讯混元文生视频具备的功能如下。

● 智能视频生成：输入文本描述，AI根据内容自动生成动态视频，包括画面、动作与风格等，满足用户创意表达需求。

● 输出高质量画面：支持生成高清、流畅的视频内容，具备清晰的画面细节与自然的动态效果，适合多种场景使用。用户可选择不同的视频风格（如动画、写实、艺术风格等），满足个性化创作需求。

● 动态素材匹配：AI智能匹配合适的场景与视觉元素，自动构建完整的故事画面。

示例：使用混元文生视频生成视频。

Step 01 在首页中单击"前往体验"按钮进入腾讯混元文生视频界面。在对话框中输入要展示的文本内容，单击"更多设置"按钮，可设置视频比例、运镜模式等，如图1-27所示。

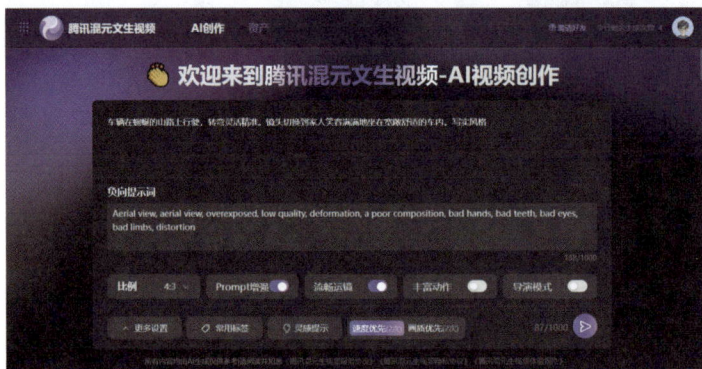

图1-27　腾讯混元文生视频界面

Step 02 单击"发送"按钮，稍等片刻即可生成一段5秒的视频效果，如图1-28所示。

图1-28　腾讯混元文生视频应用实例

1.4 知识拓展——使用AIGC自动生成图片

下面利用文心一言AI工具对文生图功能进行展示操作。

提问1 请生成一张海边沙滩图片，插画风格。

AI生成效果如图1-29所示。

提问2 请在提问1的基础上添加游船、遮阳伞、游泳圈、人物等元素。

AI生成效果如图1-30所示。

图1-29　AI生成的海边沙滩图片

图1-30　AI生成效果

第 2 章

AIGC
设计变革

从文艺复兴时期的手绘草图到工业革命的标准化制图，每一次技术革命都在重塑设计思维与工具。今天，AIGC正以超越以往任何技术的影响力，推动设计从"工具辅助"迈向"人机共生"。本章结合AIGC的最新研究进展，从技术底层逻辑出发，系统阐述AIGC设计技术架构、设计流程的变革，对比传统设计与AIGC辅助设计的差异，并探讨高效的提示词设计方法。同时，我们将结合优秀研究团队和企业的实践案例，介绍AIGC在设计领域的应用及发展趋势。

2.1 AIGC设计技术架构

在学习AICG设计前，我们首先要了解AIGC设计核心框架。AIGC在设计领域的应用是建立在强大的底层技术体系之上的。AIGC设计核心框架可划分为三大核心层次：多模态数据引擎、生成模型矩阵和协同工作流接口，如图2-1所示。该架构类似一个智能创意生产工厂，分别承担设计素材的智能采集与管理、多场景适配的创意内容生成，以及构建AI+设计生态的连接桥梁。下面将分别介绍各层次的作用与关键技术。

AIGC
设计核心
框架

多模态数据引擎　　生成模型矩阵　　协调工作流接口

图2-1　AICG设计核心框架图

2.1.1 多模态数据引擎：设计素材的智能采集与管理中心

多模态数据引擎负责自动采集和管理海量设计相关素材，为生成模型提供高质量的"燃料"。该引擎通过爬取设计平台（例如Behance、Dribbble、花瓣网等）和开放资源库，收集丰富的图像、文本、三维模型和视频等多模态数据。为了让机器"理解"这些多源异构的素材，系统引入了CLIP（Contrastive Language-Image Pre-training，对比语言–图像预训练）模型等多模态预训练模型，将图像和文本映射到统一的语义空间，从而实现标签、描述与视觉内容之间的深度语义匹配。

CLIP模型由OpenAI开发的多模态预训练模型，可将图像和文本编码为相近的向量表示，使系统能够判断某图像与文本描述的匹配程度。基于此，数据引擎可以自动为图片等素材生成语义标签，在风格、材质、场景等维度对素材进行智能分类归档，构建结构化的设计素材数据库。

除了文本创作与视觉设计，工业设计、动画设计、环境设计等领域也时常涉及三维建模，因此，数据引擎融入了NeRF（Neural Radiance Fields）三维重建技术，从多个视角的图像中提取对象的几何形状和纹理信息，进而生成高质量三维重建模型。NeRF三维重建技术自2020年提出后，在计算机图形与内容创建领域获得高度关注，常用于新视角合成、场景几何重建等领域。使用NeRF对三维设计素材进行数字化表示，AIGC系统能够理解产品的三维形态，为后续的生成提供深度数据支持。例如，在AR眼镜外形设计中，ComfyUI利用ControlNet将实物草模转换为可用于AI生成的渲染图，为AI生成引擎提供逼真的三维效果图，如图2-2所示。

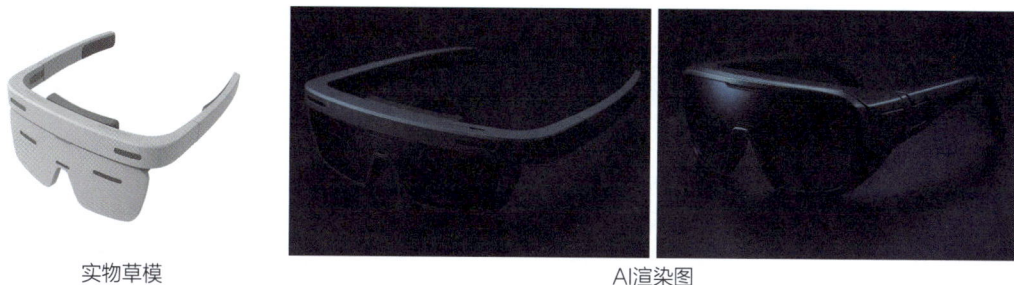

实物草模　　　　　　　　　　　　　　　　　　AI渲染图

图2-2　ComfyUI效果图

通过技术整合等多种方式，多模态数据引擎实现了对设计素材的自动化采集、解析和存储。多模态数据引擎从互联网和设计库中获取原始数据，通过预训练模型进行语义理解和特征提取，再依据多维标签体系分类组织素材，最后形成高质量的素材知识库，为生成模型提供了"大脑"所需的养分，确保后续AI生成能够基于广泛且经过语义结构化的设计语料来进行创作。

2.1.2　生成模型矩阵：多场景适配的创意内容生成

生成模型矩阵，可视为一个面向不同设计任务的智能内容生产工厂。它不同于过去仅依赖单一模型生成图像或文本的模式，而是采用多模型协同的策略，根据设计场景灵活调用最适合的生成引擎，从而在各细分领域生成高质量内容。

首先，在视觉设计领域，主要使用扩散模型（Diffusion Models）生成高清图像。其中，具有代表性的模型，如Stable Diffusion和OpenAI的DALL·E 2等。DALL·E 2能够根据任意文本描述生成原创且高度逼真的图像，并可以融合多个概念和风格。这类模型适用于产品渲染、效果图制作等，设计师只需提供一句文本提示（Prompt），模型即可输出与描述相符的高保真图像。相比传统手工建模渲染，需要耗费大量时间精力，扩散模型的引入使产品概念图、视觉效果图的生成效率得到数量级的提升。

其次，在界面和交互设计方面，近年来出现了专门面向UI/UX的生成式模型和工具。基于大语言模型的生成引擎可以理解界面设计的描述性文本，输出对应的线框图或代码框架。例如，2024年Figma发布的内置生成式设计助手。设计师在Figma中输入文字描述"创建一个带菜单列表和标签栏的旅行App界面"，即可自动生成包含相应界面元素和第三方服务接入的交互原型，大幅提高了产品界面的设计效率与迭代速度。目前，DeepSeek大模型也可直接生成UI布局的完整方案。

最后，为加强生成内容的可控性和一致性，生成模型矩阵与各种图像控制技术相结合，赋予设计师更精细的创作调控手段。2023年提出的ControlNet架构是一项突破，它在预训练好的扩散模型中增加了额外的条件控制分支，使模型能够根据手绘草图、人体姿态图、分割图等生成图像。设计师可以先勾勒构图或指定空间布局，ControlNet严格遵循要求进行细节绘制，从而保证生成结果满足预期要求。同样广受关注的LoRA（Low-Rank Adaptation）模型则提供了高效调整生成风格的途径。LoRA最初用于微调大语言模型，其冻结原模型参数，仅训练插入其中的低秩矩阵，大幅降低了新任务微调的资源开销。这个方法也被应用到图像生成模型的风格定制中，设计师可以通过少量风格样本训练LoRA模块，将其融合进主模型，从而让AI快速学习特定设计风格。例如，通过某品牌的视觉规范或某艺术家的画风样本微调模型，而无须重新训练庞大的扩散模型。综合ControlNet提供的构图控制、LoRA的风格迁移等功能，生成模型矩阵能够输出高精度、一致性更佳的视觉内容。这对于工业设计中的产品效果图渲染、交互设计中的多界面风格一致性至关重要。

简而言之，生成模型矩阵汇集了文本生成图像、文本生成布局、跨模态转换等多种AI模型，并通过插件的方式结合控制模块，形成一个面向设计场景的"模型工厂"。设计师的使用体验是高度智能化的——只需给出创意意图（文本描述、草图等），AIGC就能自动产出从概念草图到完整设计方案的一系列内容，大幅减少了人工探索与制作的工作量，为设计流程的提速增效奠定了基础。

2.1.3　协同工作流接口：构建AI+设计生态的连接桥梁

协同工作流接口是与设计师日常工具链对接的。这一层通过标准化的API和插件，将前述强大的生成能力无缝嵌入Photoshop、Illustrator、Figma、Sketch、MasterGo等主流设计平台。其目的在于让AI辅助设计融入现有工作流，降低使用门槛并促进人机协同。在传统设计流程中，设计师需要在不同软件间切换，手动导入导出素材；而在AIGC辅助设计流程中，AIGC工具可以通过协同工作流接口直接嵌入设计师熟悉的软件环境。例如，Adobe公司在2023年推出的Firefly模型通过插件集成在Photoshop中，设计师在Photoshop中只须用自然语言描述希望填充的内容，即可使用Firefly自动生成符合描述的图像并与原图无缝融合。这种从文本到图像蒙版的自动化流程，使许多烦琐的工作一键完成。

再如Figma在2024年发布的AI助手功能，不仅可以根据一句话指令自动生成完整的界面设计方案，还能一键将静态设计稿转换为可交互的原型。通过Figma内置的AI助手，设计团队的协作效率得到极大提升，提高了初版设计的产出和迭代速度；同时借助AI自动补全组件样式、一致性检查等功能，减少了人工校对的工作量。可以说，协同工作流接口搭建了AI赋能设计生态的桥梁：一方面连接了底层强大的生成引擎，另一方面整合了设计师的工作流程和团队协作模式。需要说明的是，各大设计软件厂商也在积极采取措施确保AIGC功能的负责任使用。例如Adobe在将Firefly融入Creative Cloud的同时，推出了"内容凭据（Content Credentials）"机制，在作品元数据中记录了经过AI生成或修改的内容。还推动制定"禁止训练（Do Not Train）"标签标准，允许艺术家标记不希望其作品被用于AI训练的数据集。这些举措通过协同工作流接口贯彻到设计工具中，为AI与设计融合提供了必要的伦理和法律保障。

总之，协同工作流接口让AIGC从"实验室的模型"走向"设计师的画板"。它确保了AIGC技术与Photoshop等创意软件无缝衔接，使AI成为设计团队日常流程中的实时助手。这标志着AIGC真正融入了设计生态系统，形成人机协同的工作新范式，如图2-3所示。

| 用户输入 | 多模态数据引擎 | 生成模型矩阵 | 协同工作流接口 |

图2-3　人机协同的工作新范式

2.2　AIGC设计流程的变革

2.2.1　设计流程的变化

AIGC的出现不仅带来了新工具，也深刻改变了设计流程的范式。传统设计流程往往是线性推进、周期较长，而引入AIGC技术后，设计流程逐步演变为高速迭代的闭环模式。为直观展示这种转变，表2-1对比了传统设计流程与AIGC设计流程在各主要环节的差异。

表2-1　传统设计流程与AIGC设计流程对比

流程环节	传统设计流程	AIGC 辅助设计流程
需求收集	人工访谈调研，周期长	AI自动分析用户数据，生成需求概要
概念生成	手绘草图为主，反复试错效率低	Prompt驱动批量生成多种方案，快速初筛
方案细化	人工3D建模和渲染，耗时耗力	多轮AI迭代生成细节并修正，高效优化
用户测试	实物样机+小规模测试，成本高	虚拟测试+智能反馈，快速多次迭代
交付输出	手工适配不同平台尺寸，易遗漏	AI自动适配多终端规格，一键输出多版本

2.2.2　设计流程变革的特征

可以看出，引入AIGC技术后，设计流程在各阶段均发生了显著变化，主要特点呈现在以下各个方面。

1. 从线性到闭环

传统设计流程常以串行方式推进，每个阶段完成后才能进入下一个阶段，信息反馈滞后。而在AIGC辅助下，流程更类似反馈循环——设计师可以在概念阶段就快速得到高保真原型图，并据此收集反馈、更新需求，再即时让AI生成改进方案。这种"高频反馈——优化——再生成"的闭环模式使设计更加敏捷，问题得以及早发现和解决。

2. 从手工到智能协同

许多重复性、尝试性的工作（如绘制多版草图、微调配色排版等）由AIGC自动完成，机器擅长的海量计算与模式生成被充分利用。设计师则将主要精力投入高层次的创意决策和审美把控，人机各展所长形成协同。正如麦肯锡报告所指出，尽管生成式AI工具带来了惊人的产出，它们并不能取代人类的专业知识；设计专家对于用户需求的洞察、审美的判断，以及对AI产出进行筛选和二次创作的能力，依然对最终方案成败至关重要。因此，在AIGC设计流程中，设计师角色更趋向于"人与AI的协作者"，利用AI工具加速创意落地。

3. 从长周期到快节奏

AIGC极大提高了各环节的效率，使设计流程整体节奏加快。据调研，当将AIGC贯穿产品开发全流程时，产品开发周期有望缩短70%以上。实际案例也印证了这一点，例如，制造业公司伊顿（Eaton）报告称，引入AIGC后，新产品的设计时间最多减少了87%。由此可见，AIGC将设计从过去的"长跑"变为如今的"短跑冲刺"，高节奏快速迭代成为新常态。在AIGC设计流程中，设计团队缩短项目前期的草图设计时间，将更多的时间用于智能优化和反馈再生成中，从而进一步提高设计质量。传统设计流程与AIGC设计流程对比，如图2-4所示。

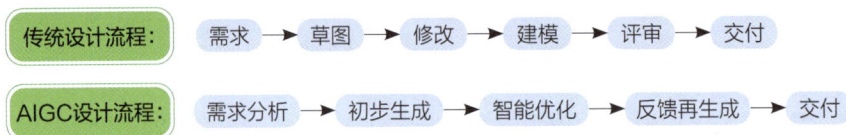

传统设计流程： 需求 → 草图 → 修改 → 建模 → 评审 → 交付

AIGC设计流程： 需求分析 → 初步生成 → 智能优化 → 反馈再生成 → 交付

图2-4 传统设计流程与AIGC设计流程对比

2.3 高效的提示设计方法

无论采用多先进的生成模型，用户输入的提示（Prompt）质量始终是决定AIGC输出内容质量的关键因素之一。只有精心设计的Prompt才能让AI充分发挥能力，生成满足预期的结果。因此，在AIGC时代，设计师需要掌握一定的"提示词工程"技巧。下面我们从Prompt的基本要素、逐步引导策略、多轮优化与微调等方面，总结Prompt的设计方法。

2.3.1 Prompt的基本要素

1. 明确的目标指向

直接点明希望生成的内容类别和核心特征。例如，与其模糊地要求"生成一个风景插画"，不如明确要求"生成一张日出时分的海边风景插画"。

2. 丰富的细节描述

添加关于风格、色调、构图、情感氛围等细节，有助于模型更准确地还原设计师的意图。例如，"采用温暖柔和的色调，画面具有童话般梦幻风格"。

3. 可控的参数限定

在Prompt中提出尺寸、比例、格式等要求，或者指定使用某版本的模型等。这些约束条件相当于给AI设置了"边界"。例如，"输出1080×1080像素的正方形图像，适合作为书籍封面"。

4. 参考的辅助信息

如果有期望的参考风格或示例，可以在Prompt中提及或提供链接。例如，"风格参考宫崎骏的动画场景"或提供类似作品的链接，让AI有据可循。需要注意引用他人风格可能涉及版权或伦理问题，应适度使用并遵循相关规范。

5. 负面约束

明确说明不希望出现的元素或风格，也是一种常用技巧。在许多先进的生成模型接口中，可以单独输入负面Prompt来排除某些内容。例如，"不要出现文字水印，避免过于写实的风格"。负面约束有助于减少AI产生无关或不合意的元素，是提高生成准确性的有效手段。

2.3.2　逐步引导 🔍

对于复杂场景或要求较高的设计任务，逐步引导（Chain-of-Thought）的Prompt设计方法十分奏效。借鉴自大模型领域的"连锁思维提示"，即通过在提示中让模型产出中间推理步骤，以解决复杂问题。在AIGC设计中，我们可以将复杂需求拆解为多个阶段，循序渐进地引导模型完善创作。

1. 整体构思

首先提出宏观要求，让模型给出初步方案。例如，"生成三张不同构图的咖啡机外观草图，突出极简现代风格"。

2. 细节强化

选取满意的初稿后，进一步提出细节要求引导模型细化。例如，"在选中的方案基础上，细化界面按钮和显示屏区域，增加哑光金属质感"。

3. 风格统一

针对色彩和风格进行统一调整的提示。例如，"将配色调整为黑银冷色调，背景加入极简厨房环境"。

通过逐步引导的方式细化Prompt，每一步都有针对性的目标，使得最终生成的结果更符合复杂需求。这种方法尤其适合场景复杂或约束条件多的设计任务，可以提高生成结果的可控性，减少一次性Prompt难以兼顾多个要求的问题。

2.3.3　多轮优化与微调 🔍

AIGC的另一大优势在于支持快速的多轮交互。设计师应充分利用这一点，采取循环微调的策略逐步逼近理想效果。具体做法包括：

1. 针对输出实时反馈

每轮AI生成后，及时评估输出结果，找出需要改进之处，然后通过新的Prompt加以引导。例如上一轮生成的人像插画表情不够友善，可以在下一次提示中明确要求"角色露出微笑表情"。

2. 局部优化

当前的AIGC工具往往允许对输出的局部区域进行微调，如使用蒙版选中某一部分重新生成。在设计中可以锁定满意的部分，仅替换不满意的局部元素，实现局部迭代优化。

3. 参数调整

善用AIGC工具提供的参数选项，如多样性控制、随机种子、步骤次数等。逐轮尝试不同参数组合，也是获取最佳结果的途径之一。例如增加迭代步数往往能提高图像细节质量，但可能带来过度拟合，需要在清晰度和创造性之间找到平衡。

4. 模型微调

对于特定风格或领域的设计任务，可以考虑训练或加载专门的模型（如训练小型LoRA模块应用于主模型）。在多轮交互过程中，不妨尝试切换或微调模型，以观察输出效果的变化，从中选择最佳方案。

通过人机多轮交互，设计师实际上扮演了AI的"教练"角色：不断根据作品现状调整"指令"，让AI朝着理想目标逼近。这种渐进式的优化过程能够避免一次性Prompt很难周全的缺点，使最终结果更趋近设计师心中的愿景。在实践中，一个复杂设计往往需要经过几十次甚至上百次Prompt的调整。由于每次迭代仅需数十秒甚至更短时间，整体效率仍远高于人工反复修改。值得欣喜的是，这种快速试错的流程不仅提高了效率，还为设计师提供了前所未有的自由探索空间——可以大胆尝试各种创意念头而几乎不必担心时间成本，这无疑有助于设计师创作出更具创新力的设计成果。

2.4 AIGC在设计领域的案例

为了更具体地理解AIGC如何提高设计流程的效率和创新力，本节以部分具有代表性的设计实践为例，涵盖企业应用和研究探索等方面。这些案例生动展示了当前AIGC设计的成果。

2.4.1 Adobe Firefly提高图像设计效率

全球创意软件领导厂商Adobe在2023年推出了Firefly生成式模型，并将其深度集成到Photoshop等工具中。设计师利用该工具，只需用文字描述想要的效果，例如"修改图像背景为冬天"，Photoshop便会调用Firefly自动在图像中生成符合描述的元素并完成合成，如图2-5所示。这极大地简化了海报设计、照片编辑等工作的流程。

据Adobe官方公布的数据，Firefly公测推出短短六周，用户已用其生成了超过1亿份作品。这一成功实践表明，将AIGC直接嵌入主流设计软件，可以大幅提高创意工作的效率，同时辅以适当的规范来保证生成内容的可用性和合规性。

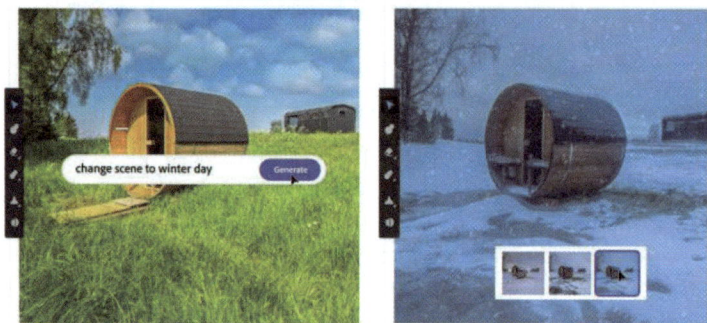

图2-5　Adobe Firefly生成作品

2.4.2 Figma AI实现一键界面原型

2024年在Figma的Config大会上，官方发布了多项AI功能，将交互设计推向智能化。同时，演示了只需一条指令，Figma便自动生成了适应多屏幕的旅游App应用界面原型，包含地图、菜单、第三方服务结构等元素，是一个完整度较高且可用的初步设计原型。设计师可以根据需求，对局部进行进一步的调整和完善，最终得到满意的设计方案，如图2-6所示。未来设计工具将越来越多地内置智能生成功能，使"按需出图"成为日常。

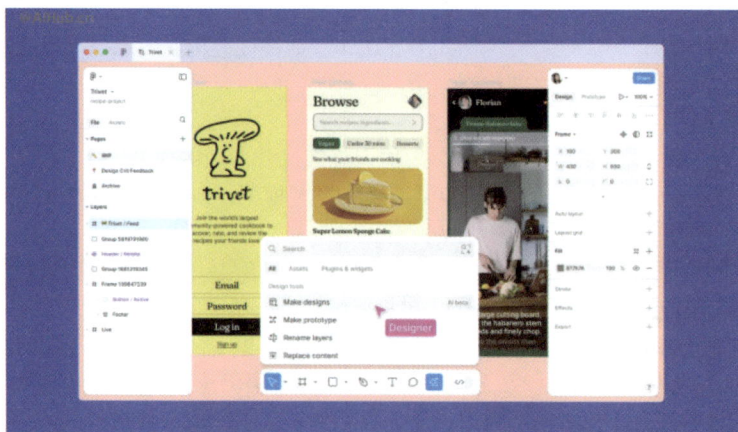

图2-6　Figma生成界面原型

2.4.3　汽车设计中的AI人机共创

汽车制造巨头丰田的研究机构TRI于2023年发布了一项将工程约束引入生成式设计的新技术。汽车外观设计师通常使用开源的文本生成图像工具（如Midjourney）获得设计灵感，但这些工具无法考虑空气动力学、车架尺寸等工程因素。TRI开发的AI工具可以让汽车设计师通过输入手绘草图以及诸如风阻系数、车厢空间等工程参数，生成既满足设计美学又符合工程约束的汽车外形方案，如图2-7所示。

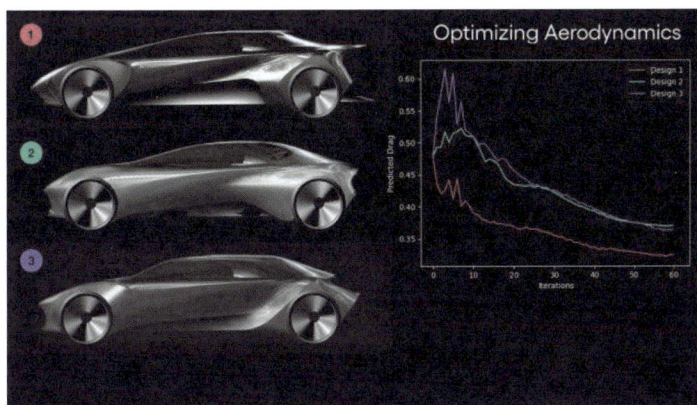

图2-7　丰田TRI的生成式AI

通过人机共创，汽车设计师的工作效率和方案品质都获得提升——AI负责在巨大方案空间中寻找满足约束的最佳方案，汽车设计师则专注于品评方案和作出最终决策。随着此类技术的逐步成熟，AIGC将更深层次地应用到其他需要考虑工程因素的产品设计中，如航空器外形、结构件造型等。

2.4.4　AIGC助力复杂形态探索

清华大学的研究团队在2024年的一项研究中，尝试将Midjourney、Stable Diffusion等生成模型引入到工业设计形态研究中。

清华大学的研究团队以水下机器人外观设计为例，提出了"七步形态研究法"，多次运用了AIGC工具来生成设计方案，如图2-8所示。研究者首先通过生物启发确定初始形态概念，让AI生成若干仿生造型方案；接着结合参数化设计和拓扑优化方法，对AI生成的形态进行结构和性能分析；然后利用生成模型进行形态细节的完善和多样化；最后通过仿真验证选定方案的流体动力性能。

整个过程将生成式AI的发散创造力与工程算法的收敛优化相结合，在短时间内探索了复杂形态设计的众多可能。与传统纯人工方法相比，引入AIGC能显著扩展设计师的视野，产生很多意想不到但性能良好的新颖造型。

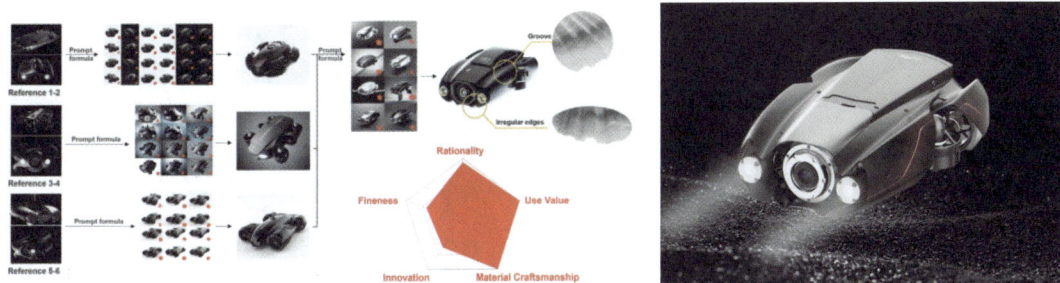

图2-8　清华大学水下机器人

2.5 AIGC创意设计

为更直观地理解AIGC在设计流程中的具体应用，本节将以为老年群体设计一款辅助终端产品为例，介绍基于AIGC的创意设计过程。

2.5.1 明确设计目标

为轻度认知障碍（MCI）老年群体设计一款辅助终端产品，所探索的产品原型旨在服务于"轻度认知障碍老年群体"，在功能与结构初步确定的前提下，现需其外观不仅追求造型创新，更需贴合具体功能与用户心理。

以老年产品终端为例，设计团队要关注以下几点。

（1）简洁亲和的外形：面向老年用户，产品外观避免过于复杂或具有危险性的结构，强调圆润线条与柔和的色彩，降低使用门槛与心理排斥。

（2）认知辅助功能引导设计形态：设备需具备提示、提醒、导航等功能，因此在生成图形时注重引导AI强化如语音灯光提示区、简洁显示界面等关键部位的造型表达，使功能与形态紧密结合。

（3）情感链接与熟悉感：部分参考图来源于生活中常见的传统物品，如收音机、暖手炉等，以唤起用户的熟悉感，提升认同感和情感联结。这一策略也在AIGC生成提示中体现为"参考老式日用品外观"。

2.5.2 生成设计方案

Step 01 在网络上搜集相关产品造型意向图，如图2-9所示。

图2-9 搜集相关产品造型意向图

Step 02 选择符合产品设计要求的参考图，如图2-10所示。

Step 03 从浏览器中打开参考图，如图2-11所示，复制图片所在的网址。

图2-10 选择参考图

图2-11 在浏览器中打开参考图

Step 04 将参考图的网址粘贴到Midjourney Bot的对话框中，并输入文本提示 "Older MCI; cognitive training; warm colours; industrial design products; white background;8k"，单击 "Enter" 键生成图片，如图2-12所示。若对生成的图不满意，则单击 "刷新" 按钮生成新的一组图片。

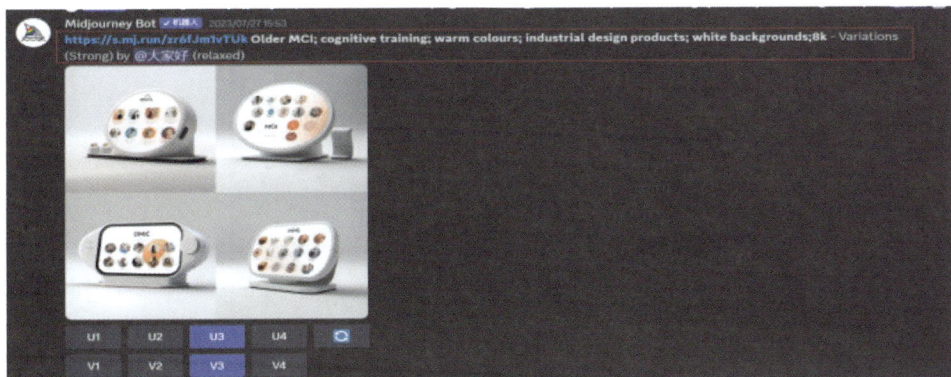

图2-12　Midjourney生成图

Step 05 整合两张参考图生成新图。在MidJourney Bot的对话框输入 "/blend" 命令，如图2-13所示。（该方法仅用于整合两张图生成新图，无法输入提示词）

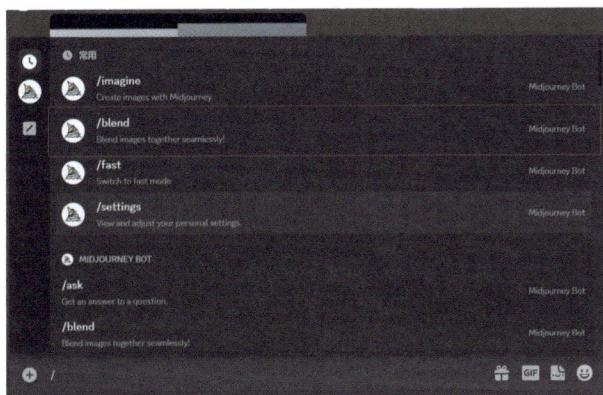

图2-13　使用 "/blend" 命令

Step 06 将两张参考图上传至对话框内，如图2-14所示。

图2-14　上传两张参考图

Step 07 单击 "Enter" 键，Midjourney即可将两张参考图的产品特征融合生成新图，如图2-15所示。

这个案例不仅展示了AIGC在创意生成方面的强大能力，更体现出设计策略中 "功能——用户——形态" 三者之间的深度耦合关系。但是，即使是图形生成操作，其每一步也必须基于服务对象的真实需求与使用场景制定明确指令，这样才能实现 "以人为本" 的设计本质。

图2-15　生成新图

2.6　知识拓展——使用AIGC生成产品效果图

使用Midjourney生成产品效果图，操作步骤如下。

Step 01 在Midjourney的服务器或Midjourney Bot对话框中，输入"/settings"，按"Enter"键，如图2-16所示。

图2-16　对话框输入/settings

Step 02 单击风格模型选择框，在下拉框中上下滑动选择需要的风格模型，如图2-17所示。

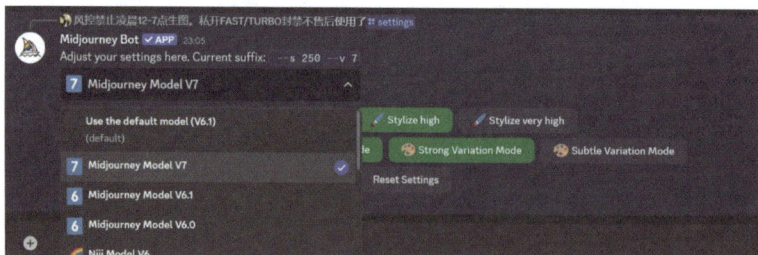

图2-17　选择需要的风格模型

Step 03 在Midjourney Bot对话框中输入"/imagine"，在prompt后填写提示词"sky blue"，按"Enter"键，如图2-18所示。

Step 04 每次按"Enter"键都会生成4张图，如图2-19所示，设计者选择合适的图片即可。U1~U4表示对应的放大图片，如图2-20所示。V1~V4表示重新生成的图片，如图2-21所示。

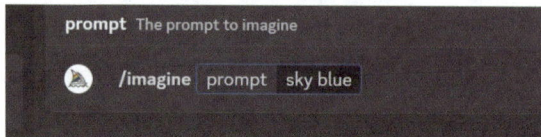

图2-18　输入/imagine和提示词

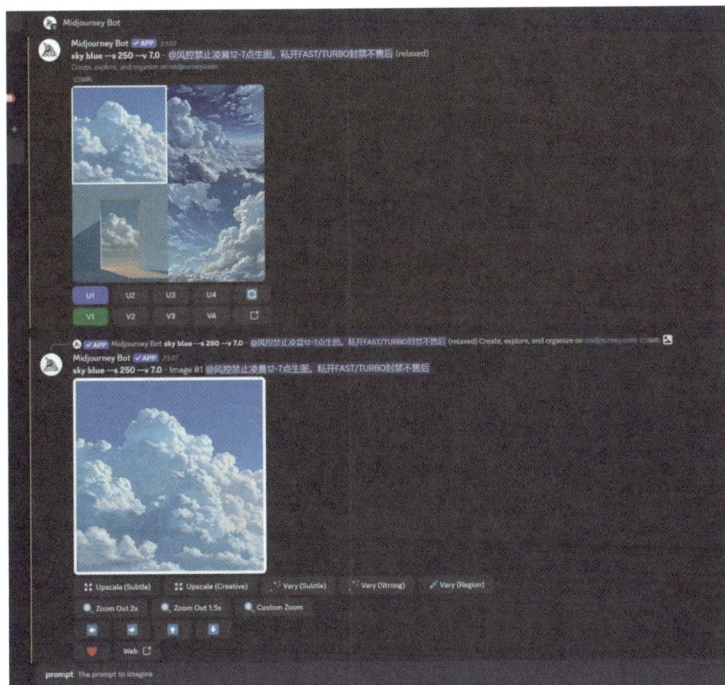

图2-19　生成4张图

图2-20　单击U1对应放大的图片

图2-21　单击V1 对应重新生成的图片

第3章

AIGC
沟通技巧

学会和AIGC沟通是学习AIGC技术的关键点。不同的沟通方式得到的答案也不同。为了高效沟通，必须掌握一些沟通技巧。本章将介绍如何与AIGC进行有效沟通，以提高用户的沟通效率。

3.1　常见提问误区

不少用户在对AIGC提问时，经常会犯一些基础性的错误，从而影响内容生成的准确性和实用性。本节将对常见提问误区进行介绍，以提醒用户避免再出现类似错误，图3-1所示为提问误区思维导图。

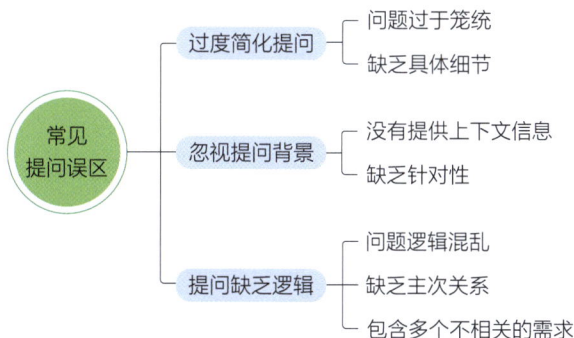

图3-1　提问误区思维导图

3.1.1　过度简化提问

过度简化提问指的是用户提供的问题过于简短或笼统，缺乏必要的细节。这种提问方式会导致生成的内容模糊、不完整，难以满足用户需求。

示例：写一个儿童故事。

AIGC生成内容如下。

从前有一只小兔子，它喜欢在森林里玩耍。有一天，它遇到了一只狐狸。狐狸很狡猾，但小兔子很聪明，它们最后成了好朋友。

由此可见，提问内容缺乏具体细节，导致生成的故事平淡无奇，没有吸引力。如果对提问内容加以改进，那么生成的内容就完全不一样了。

3.1.2　忽视提问背景

忽视提问背景指的是用户在提问时没有提供足够的上下文信息，导致AI对问题的理解比较模糊。这种提问方式不仅降低了生成内容的准确性和针对性，还可能引发一场无效的对话。

示例背景：小陈是一名健身教练，要为一位高血糖患者定制一套适合其身体状况的锻炼计划。

示例：请生成一份锻炼计划。

AIGC生成内容如下（节选）。

以下是一份综合性的锻炼计划，旨在提高整体健康水平，包括增强心肺功能、提升肌肉力量与耐力、改善柔韧性和促进心理健康。请根据个人体能、健康状况及时间安排适当调整。

综合性锻炼计划

1. 一周概览

周一：全身力量训练 + 柔韧性训练

周二：有氧运动（中低强度）

周三：休息或轻量活动（如散步、瑜伽等）
周四：上半身力量训练＋核心训练
周五：有氧运动（中高强度）
周六：下半身力量训练＋有氧间歇训练
周日：休息或轻松恢复活动（如慢跑、游泳等）
2. 详细内容
周一：全身力量训练＋柔韧性训练
力量训练：
深蹲 3组×12次
硬拉 3组×10次
……

以上生成的计划非常宽泛，缺乏针对性，未考虑到高血糖患者的特殊需求，如控制运动强度、合理饮食等。

3.1.3　提问缺乏逻辑

提问缺乏逻辑指的是提问的表达结构混乱，内容缺乏层次或包含多个不相关的需求。这种提问方式可能导致生成的内容没有重点，回答不够清晰，甚至出现语无伦次的现象。

示例：请生成一篇简短的童话故事，内容要详细且包含丰富的情节，字数控制在300字以内。

AIGC生成内容如下。

小兔子的奇幻花园

从前，有只小兔子名叫灵灵，它拥有一个神奇的花园。一天，灵灵在花园里发现了一扇闪光的门。它好奇地推开，进入了一个充满魔法的世界。灵灵遇到了一位精灵，名叫闪闪。闪闪告诉灵灵，这个花园藏着无尽的宝藏，只有心地善良的人才能找到。

灵灵在花园的最深处找到了一个闪闪发光的宝石。闪闪说："这是善良之心，是你应得的奖励。"灵灵带着宝石和满满的幸福回到了现实世界。从此，它的花园更加生机勃勃，也成为所有小动物们的乐园。

以上提问就存在逻辑混乱、前后矛盾的情况，既要求内容详细，情节丰富，又要求简短。这样，AI无法平衡两者关系，只能二选一，导致生成的内容无法到达用户预期。

3.2　提问原则

内容生成的质量好坏，完全依赖于用户提问的清晰度与准确性。提出精准的问题，不仅能提高交互效率，还能使结果更符合预期。因此，了解一些AIGC的提问原则很有必要，图3-2所示为提问原则思维导图。

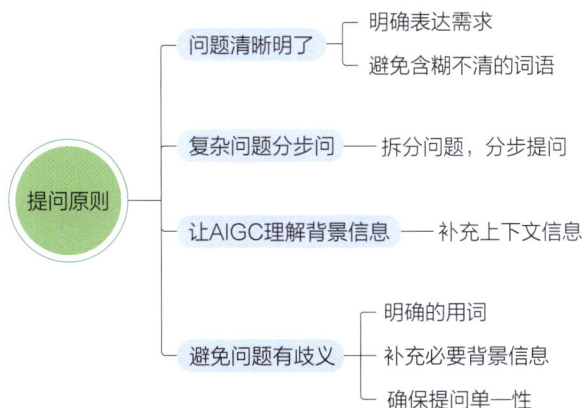

图3-2 提问原则思维导图

3.2.1 让问题清晰明了

提问要求明确表达需求，避免模糊或宽泛的语言。一个明确的问题能够帮助AIGC聚焦主题，从而提高内容的准确性和针对性。以下为举例说明。

"请介绍一下人工智能"。

这类提问过于宽泛，AIGC生成的内容会涉及人工智能多个方面（如定义、应用、发展历史等），但无法突出用户真正想要的重点。

"请用通俗的语言介绍人工智能在医疗领域的三种主要应用"。

这类提问不仅限定了主题（医疗领域），还明确了回答的角度（要用通俗易懂的语言，而非专业术语）和数量（三种应用），AIGC生成的内容会更有针对性，更能达到用户的预期。

3.2.2 复杂问题分步问

当需要解决复杂问题时，直接提问可能会导致回答不够全面或条理不清。此时，可将复杂问题拆分成小问题，分步骤提问。这不仅有助于AIGC逐步生成完整答案，还能让用户更易于理解。以下为举例说明。

"如何使用Python构建一个机器学习模型？"

这个提问涉及多个步骤。比如数据预处理、模型选择、训练与评估等。AIGC可能生成冗长却不够详细的回答。可以将该问题分步提问。

"1. 如何用Python构建一个简单的数据集？"

"2. 在Python中实现线性回归的代码是怎样的？"

"3. 如何在Python中评估线性回归模型的性能？"

通过以上分步骤提问，用户不仅可以得到清晰的分步解答，还能根据回答及时调整后续问题。

3.2.3 让AIGC理解背景信息

AIGC生成内容时依赖于提问提供的信息。如果问题缺乏背景，可能导致回答偏离实际需求。补充上下文信息可以帮助AIGC更好地理解问题，并生成符合情境的内容。以下为举例说明。

"怎么优化网站？"

这个提问没有明确优化的目标和网站类型，AIGC可能会给出一些普适性建议，这些建议可能无法直接适用于用户的场景。

"我的网站是一个提供在线课程的平台，目前用户留存率较低，请问如何优化网站以提高用户留存率？"

这个提问通过补充问题背景信息（网站类型和优化目标），使得AIGC可以给出更具体的建议。例如，"引入个性化学习推荐功能"或"优化用户界面设计以提升学习体验"等。

3.2.4　避免问题有歧义

有歧义的问题容易让AIGC解读为多种不同的含义。这种情况会导致生成的内容无法满足预期，甚至偏离主题。避免有歧义的问题需通过明确的用词、补充必要的背景信息和限定条件，以确保提问具有单一性。以下为举例说明。

"如何设计一份市场调查问卷？"

这个提问虽然明确了调查问卷的具体用途（用于市场调查），但还存在歧义点。例如，没有明确受众范围（如消费者、学生、企业高管等），没有限制问卷的结构（如选择题、开放性问题等），这就会使AIGC在生成内容时偏离用户需求。

"如何设计一份包括10道选择题的问卷，用于调查年轻消费者对环保产品的购买偏好？"

这个提问明确了问卷的结构、问题数量、内容方向以及受众范围，消除了歧义性，为AIGC内容的生成指明了方向。

3.3　优化提问方式

优化提问方法的核心在于通过调整提问形式和内容，使问题更易于被AIGC理解，进而产出符合预期的答案。下面介绍几种提问方法，以供用户参考，图3-3所示为优化提问的思维导图。

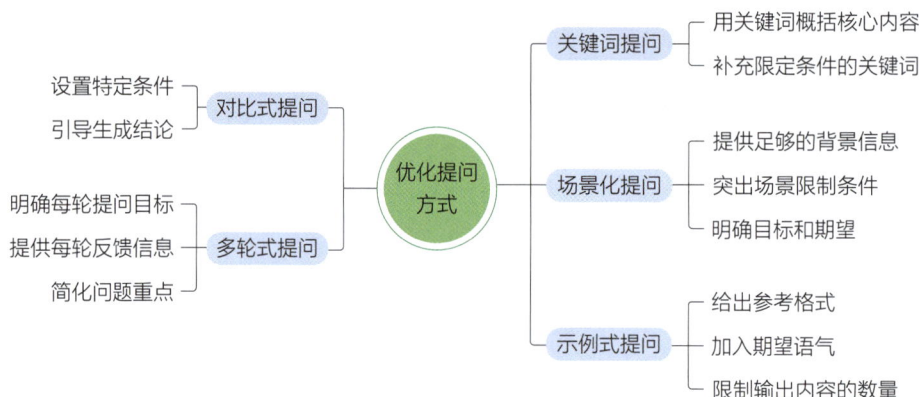

图3-3　优化提问的思维导图

3.3.1　关键词提问

关键词提问是指用户在与AIGC交互时，通过精准选择和组合词汇或短语，明确问题的核心要素，从而引导AI生成更具针对性和相关性的回答。关键词决定了问题的理解方向和回答的核心内容。其特点在于精准、高效、低歧义，以最小的语言成本，最大化AI输出的相关性与实用性。其适用于需要精准信息、对比分析或专业深度的场景，即目标明确的场景。

1. 示例：如何提高学生的学习能力？

AIGC生成内容如下（节选）。

提高学生的学习能力是一项综合性的任务，需要从学习方法、学习习惯、心理支持和环境优化等多方面入手。以下是具体的策略。

1　培养高效的学习方法

1.1　掌握有效的学习技巧

- 主动学习法：鼓励学生提问、总结和反思，而不是被动接受知识。
- 思维导图：帮助学生厘清知识点之间的逻辑关系，提高记忆效果。
- 间隔学习法：将复习分散在多个时间点上，避免集中复习的疲劳和遗忘。
- 费曼技巧：通过将知识简单讲述给别人，巩固自己的理解和记忆。

1.2　学习计划管理

- 目标明确：设定清晰、具体、可量化的学习目标，如每周完成一定数量的练习题。
- 分阶段学习：将大任务分解成小目标，逐步实现，减少压力感。
- 时间管理：利用番茄工作法（每学习25分钟休息5分钟）提升专注力。

2　养成良好的学习习惯

2.1　固定学习时间与环境

- 制定固定的学习时间表，形成学习的生物钟。
- 选择安静、整洁、有光线的学习环境，减少干扰和分心。

2.2　自我监控与反思

- 记录每天的学习内容与完成情况，定期回顾学习进度。
- 对错题和难点进行归纳整理，形成错题本，反复巩固。

2.3　阅读和思考

- 鼓励学生多阅读课外书籍，拓展知识面，培养思维深度。
- 让学生学会批判性思维，评估不同信息的可靠性和价值。

……

本问题虽然提供了"学习能力"这个关键词，但没有限定具体的学科或方式，不同学科有不同的学习方式。因此，得到的回答没有针对性。

2. 优化方法

- 确定问题的核心内容，用关键词概括提问。
- 避免关键词模糊或有歧义，通过补充限定词让关键词更具体。

3. 优化示例

如何通过在线学习平台提高高中生的数学解题能力？

AIGC生成内容如下（节选）。

通过在线学习平台可以有效提高高中生的数学解题能力，关键在于充分利用平台的技术优势和资源特点，结合学生的实际学习需求与目标。以下是具体方法。

一、个性化学习路径

1. 在线学习平台的优势

- 通过AI算法分析学生的学习数据（如答题准确率、反应时间、错误类型等），为每个学生提供个性化的学习路径。
- 针对薄弱环节，推荐相应的练习题或视频课程。

2. 具体实施

- 平台可以在学生完成初次评估测试后，生成一份个性化的学习计划。
- 在每次练习结束后，动态调整学习内容，确保学生的时间投入更高效。

二、高质量的多媒体教学资源

1. 在线学习平台的优势

- 提供多样化的资源形式（如视频课程、动态演示、交互式模拟等）。
- 通过图文并茂的方式讲解复杂数学概念，降低理解难度。

2. 具体实施

- 使用动画或可视化工具（如函数图像动态展示等）帮助学生理解抽象概念。
- 将问题与实际生活场景相结合，激发学生的学习兴趣（如用物理现象讲解抛物线轨迹等）。

三、系统化的题库与分级练习

1. 在线学习平台的优势

- 拥有大量分类明确的题库，涵盖不同难度和知识点。
- 即时反馈和解析有助于学生发现错误的根源。

2. 具体实施

- 按照章节或知识模块设计分级练习（基础、提升、拔高）。
- 提供错题本功能，方便学生复习错误问题并强化练习。
- 设置每日、每周小测验，帮助学生定期检测学习成果。

四、在线互动与即时答疑

1. 在线学习平台的优势

- 提供师生互动的在线问答社区或一对一辅导功能。
- 支持多人协作解题或讨论，有助于学生开阔思维。

2. 具体实施

- 引入实时答疑功能，学生可以随时向平台上的教师或AI助手提问。
- 组织数学竞赛或小组任务，通过合作与竞争提升学习兴趣和能力。

……

3.3.2 场景化提问

场景化提问是一种通过描述具体情境或应用背景，帮助AIGC更好地理解问题的优化方法。其特点在于用户可以为问题提供必要的上下文信息，使AIGC聚焦于具体的问题。场景化提问特别适用于需要复杂回答、具体分析或情景模拟的问题。

1. 示例：如何通过电商平台来增加销售额

AIGC生成内容如下（节选）。

通过电商平台增加销售额，需要从吸引流量、提升转化率、增加复购率和优化运营四个方面入手。以下是具体策略。

1. 吸引流量

吸引更多消费者访问电商店铺是增加销售的第一步。

方法：

（1）搜索引擎优化（SEO）

- 优化商品标题和描述，包含高搜索量关键词（如"实用""高性价比""爆款"等）。
- 使用平台内的推荐算法优化工具，提高搜索排名。

（2）社交媒体引流

- 在抖音、微博、小红书等平台推广商品内容，吸引人们关注和点击。
- 利用短视频、直播展示商品，搭配电商链接直接导流。

（3）广告投放
- 使用电商平台内的广告工具（如关键词竞价、展示广告等）吸引精准流量。
- 设置预算合理的外部流量广告（如Google Ads、Facebook Ads等）。

（4）内容营销
- 发布高质量内容，如使用指南、案例分享和买家秀等，吸引消费者关注。
- 结合热点事件或节日营销，增加曝光率。

2. 提升转化率
让访问者完成购买是关键。

方法：

（1）优化商品页面
- 提供高质量的图片和详细的商品描述，包括材质、尺寸、功能等信息。
- 设置清晰的价格和促销信息，如划线价与活动价对比等。

（2）提供促销活动
- 通过限时折扣、满减优惠、买一送一等促销手段，营造稀缺感和优惠感。
- 增加捆绑销售选项（如"搭配套装立享9折"等），提升客单价。

（3）增强信任感
- 显示买家评价、好评率及真实用户秀。
- 提供明确的退换货政策，让消费者无后顾之忧。
  ……

从以上生成的内容来看，问题提供的信息过于模糊，导致AIGC只能给出一些综合的营销建议。

2. 优化方法
- 场景化提问的关键是提供足够的背景信息，包括时间、地点、角色、目标等，使问题具有上下文。
- 突出场景中的限制条件，如预算、人力资源、技术条件等。
- 明确问题的目标和期望。

3. 优化示例
在年底促销季中，如何通过电商平台的限时折扣活动吸引更多消费者？
AIGC生成内容如下（节选）。

在年底促销季中，限时折扣活动是电商平台吸引消费者的有效策略。以下是一些具体方法，结合心理学、技术和市场营销手段，帮助实现更大的吸引力和销售增长。

1. 制定精准的限时折扣策略
- 突出稀缺性：设置明确的时间限制（如"仅限24小时"等），充分利用消费者的"害怕错过"（FOMO）心理。
- 分阶段折扣：设计"倒计时式"的优惠活动，比如第一小时折扣力度最大，后续逐渐减少，以激发抢购热情。
- 定制化折扣：根据用户行为数据（如浏览历史、购物偏好等），推送个性化的限时优惠，提升转化率。

2. 创造紧迫感与仪式感
- 实时倒计时显示：在商品页面上添加醒目的倒计时器，强化活动的紧迫感。
- 动态库存展示：显示商品剩余库存（如"仅剩10件"等），让消费者感到商品有限，促使快速决策。

- 社交证明：展示实时购买动态（如"某某刚刚购买"等），增强活动的热度和可信度。
3. 利用平台流量资源
- 首页推荐：将限时折扣活动置于电商平台首页的显眼位置，提升曝光率。
- 站内通知：通过推送通知、弹窗或短信提醒，让潜在消费者知晓活动开始时间和重点优惠信息。
- 关键词优化：设置活动相关的热门搜索词，确保消费者搜索时能快速找到优惠信息。
4. 设计吸引人的折扣形式
- 直接降价：用简单明了的方式（如"原价199元，限时99元"等），直观传递优惠力度。
- 满减优惠：设置满减门槛（如"满300元减50元"等），提高客单价。
……

3.3.3　示例式提问　🔍

　　示例式提问是一种通过提供具体案例或问题示例，帮助AIGC更清晰地理解用户需求的提问方式。其特点在于具象引导、示范作用，旨在用实例代替抽象要求，让AI更直观理解，生成高度匹配的内容。与抽象化提问相比，示例式提问能有效避免生成的回答过于宽泛或偏离主题。该方式适合于对生成结果有特定期待或需要创意型生成的场景，尤其是在生成文本、设计方案或模拟情境时使用。

　　1. 示例：帮我设计一个"分数的基本概念"教学计划
　　AIGC生成内容如下（节选）。

　　设计一个关于"分数的基本概念"的教学计划，我们需要确保内容既全面又易于理解，适合不同学习风格的学生。以下是一个基本的教学计划框架，适合小学或初中阶段的学生。
　　1. 教学目标
- 知识与技能：学生能够理解分数的定义，识别分子、分母，并知道分数表示部分与整体的关系。
- 过程与方法：通过实物操作、图形展示和数学练习，学生能够掌握分数的基本运算（如加法、减法）的方法。
- 情感态度价值观：激发学生对数学的兴趣，培养解决问题的能力和团队合作精神。
　　2. 教学内容
第一课：分数的初步认识
导入：使用生活中的例子（如切分蛋糕、分配水果）引入分数的概念。
　　新知讲解：
- 定义分数：分数表示一个整体被等分为若干部分后，取其中的几部分。
- 分子与分母：分子表示取出的部分数量，分母表示整体被等分的份数。
- 活动：使用纸片或水果模型，让学生动手分割并标记分数。
- 练习：识别并写出给定图形的分数表示。
第二课：分数与图形的关系
复习：快速回顾分数的定义和分子分母。
　　新知讲解：
- 分数与图形：展示如何用分数表示图形的部分（如圆的1/4、矩形的3/5）。
- 活动：让学生绘制图形并标注分数。
- 小组讨论：分享各自的作品，讨论不同图形中分数表示的共同点。
……

该问题只提供了关键词（分数的基本概念），因此生成的教学计划几乎是通用版本，毫无"设计"可言。

2. 优化方法

● 给出参考格式。如果对回答的格式有明确要求，可通过示例告知具体期望。
● 加入期望语气。针对需要特定语气或风格的回答，可以通过示例说明期望的表达方式。
● 限制输出内容的数量。如果需要明确的条目或示例数量，可以在问题中指定。

3. 优化示例

以下是我设计的"分数的基本概念"教学计划部分内容。

1. 教学目标

理解分数的意义和基本运算。

2. 教学过程

通过生活实例引入分数概念，使用小游戏帮助学生掌握分数的加法。

请继续补充后续环节，包括课堂活动和复习总结。

AIGC生成内容如下。

以下是对您教学计划后续环节的补充，包括课堂活动和复习总结。

教学计划（续）

3. 课堂活动

活动一：分数拼图游戏

目的：通过拼图游戏，加深学生对分数表示部分与整体关系的理解。

步骤：

● 准备一系列分数拼图，每个拼图由几个分数部分组成，当正确拼接时，能形成一个完整的图案。

● 学生分组进行拼图，每组获得一套拼图。

● 学生需要识别并正确拼接分数部分，以完成拼图。

● 完成拼图后，各组分享他们的拼图过程和发现，讨论分数在拼图中的应用。

活动二：分数接力赛

目的：通过接力赛的形式，练习分数的加法运算。

步骤：

● 将学生分成若干小组，每组站在教室的一端。

● 教师在教室的另一端放置一个篮子，篮子内装有写有分数的卡片。

● 每组的第一名学生跑到篮子前，随机抽取一张卡片，读出分数，并返回队伍。

● 下一名学生需要将前一名学生读出的分数与自己手中已有的分数（或零分数）相加，然后返回队伍。

● 重复此过程，直到所有学生都完成一次加法运算。

● 最后一名学生需要跑到教师处，报出整个小组的最终分数。

● 教师记录每组的结果，并宣布获胜组。

4. 复习总结

复习环节：

● 快速问答：教师提出一系列关于分数的问题，如"什么是分数""分子和分母分别表示什么"等，学生举手回答。

● 分数加法练习：教师出示几道分数加法题目，让学生在练习本上完成，然后随机抽取几份作业进行展示和讲解。

总结环节：

● 回顾知识点：教师带领学生回顾本节课所学的内容，包括分数的意义、基本运算以及通过游戏和活动所学到的知识。

● 强调重点：教师强调分数表示部分与整体关系的重要性，以及分数加法运算的基本步骤和注意事项。

● 布置作业：教师布置一些与分数相关的练习题，如分数加减法的应用题，让学生在课后完成。

● 鼓励提问：教师鼓励学生提出他们在课堂上或作业中遇到的问题，并解答他们的疑问。

通过以上课堂活动和复习总结，学生可以进一步巩固对分数意义和基本运算的理解，同时提高他们的数学思维和解决问题的能力。

3.3.4　对比式提问

对比式提问是一种通过设置两个或多个选项进行比较，引导AIGC对问题进行分析、评估或选择的提问方式。其特点在于引入对比条件，让AIGC从不同角度权衡优劣、列举差异或明确偏好，生成更有条理、更具洞察力的回答。这种方式适用于需要权衡方案、分析特点或寻找最佳选项的场景。

1. 示例：对比自驾游和跟团游这两种旅行方式。

AIGC生成内容如下。

　　自驾游和跟团游是两种截然不同的旅行方式，各自具有独特的优势和特点，适合不同需求和偏好的旅行者。以下是对这两种旅行方式的对比分析。

自驾游

1. 优势

● 自由度高：自驾游最大的优势在于其高度的灵活性。旅行者可以根据自己的兴趣、节奏和预算，自由选择目的地、行程路线、停留时间和活动安排。

● 深度体验：自驾游通常允许旅行者更加深入地探索目的地，无论是偏远的小镇、风景优美的乡村还是隐藏的景点，都能轻松到达，获得更加丰富的旅行体验。

● 个性化服务：自驾游意味着旅行者可以完全掌控自己的旅行体验，从住宿选择到餐饮口味，都能根据个人喜好进行定制。

● 成本效益：对于喜欢长时间停留或多次游览同一地点的旅行者来说，自驾游可能更加经济。此外，自驾游还能避免跟团游中可能存在的隐性消费。

2. 劣势

● 规划复杂：自驾游需要旅行者提前进行详细的行程规划，包括路线选择、住宿预订、景点了解等，这需要一定的时间和精力。

● 驾驶疲劳：长时间的驾驶可能会导致疲劳驾驶，影响旅行安全。

● 额外成本：自驾游可能需要支付额外的费用，如燃油费、停车费、车辆维护费等。

跟团游

1. 优势

● 省心省力：跟团游最大的优势在于其便捷性。旅行社负责行程规划、住宿安排、景点门票等一切事宜，旅行者只需跟随团队即可，无须费心费力。

● 安全性高：跟团游通常有导游陪同，他们熟悉当地情况，能提供安全指导，降低旅行风险。

● 社交体验：跟团游能让旅行者结识来自不同地方的伙伴，增加旅行的社交乐趣。

　　2. 劣势

　　● 自由度低：跟团游的行程通常较为固定，旅行者需要按照团队的节奏进行活动，可能无法完全按照自己的意愿安排行程。

　　● 成本较高：跟团游通常需要支付一定的团费，包括住宿、餐饮、景点门票等费用，相对自驾游来说可能成本更高。

　　● 体验受限：跟团游可能无法深入探索某些景点或地区，因为行程安排通常较为紧凑，且需要照顾团队的整体需求。

　　综上所述，自驾游和跟团游各有优缺点，旅行者应根据自己的需求、预算和偏好进行选择。如果追求自由度和深度体验，自驾游可能是更好的选择；如果希望省心省力且注重安全性，跟团游则更为合适。

　　该提问虽然提供了两种比较选项，但没有设定具体的限制条件（是从费用方面，还是舒适度方面等）。同时，没有提供明确的目的地，得到的回答也只能是泛泛而谈。

2. 优化方法

● 设定特定条件。在对比时可设定具体的限制条件，让回答更贴合实际需求。

● 引导生成结论。在问题中可引导AIGC提供一些总结性的建议。例如，可加入推荐要求，让生成的内容不仅进行了对比，还提供了实际建议。

3. 优化示例

　　假设旅行目的地为云南。请从预算控制、时间效率和舒适度角度，对比选择自驾游与跟团游的优缺点，并推荐一种最合适的旅行方式。

　　AIGC生成内容如下。

　　假设目的地：云南，自驾游与跟团游对比分析

　　1. 预算控制

　　自驾游

● 优势：可以根据预算灵活选择住宿和餐饮（如民宿、特色小吃等），多人分摊油费和过路费成本较低。

● 劣势：长途自驾需考虑油费、高速费以及可能的车辆维修费用，预算不够固定。

● 预算范围（大致）：中档自驾5~7天人均预算约为3 500~4 500元。

　　跟团游

● 优势：一般旅行团提供"机+酒+门票"的套餐，费用透明，整体预算容易控制。

● 劣势：可能存在额外的自费项目（如付费表演、购物店等），增加实际支出。

● 预算范围（大致）：经济型跟团5~7天人均预算约为3 000~4 000元，豪华团费用更高。

　　总结：自驾游适合有一定规划能力、能分摊费用的小团队；跟团游适合预算有限、追求费用固定的游客。

　　2. 时间效率

　　自驾游

● 优势：可灵活安排时间，选择小众或特色景点（如东川红土地或坝美等）。

● 劣势：需要花时间研究路线，可能因迷路或堵车影响时间效率。云南山区道路复杂，驾车需额外留出缓冲时间。

　　跟团游

● 优势：专业导游设计路线，行程紧凑，能在短时间内游览更多经典景点（如大理、丽江、玉龙雪山等）。

- 劣势：行程固定，景点停留时间短，部分时间可能浪费在购物或不感兴趣的活动上。

总结：如果对时间效率要求高且偏好经典景点，跟团游更适合；自驾游适合希望深度体验的游客。

3. 舒适度

自驾游

- 优势：隐私性和自由度高，可以随时休息或调整行程，避免与陌生人共同行动的不便。
- 劣势：长途驾驶可能疲劳，尤其是云南山区道路的盘山公路，对驾驶技术要求较高，舒适度降低。

跟团游

- 优势：不需操心交通问题，有专业司机驾驶，游客可全程放松。
- 劣势：需与团员共享交通工具和住宿，若团内氛围不好或安排不当，可能影响舒适感。

总结：如果对舒适性要求较高且不擅长长途驾驶，跟团游较为适合；自驾游适合愿意为自由度牺牲部分舒适感的人群。

推荐旅行方式

推荐方式：跟团游（适合云南）

理由：

- 复杂地形因素：云南地势多山，自驾对驾驶经验要求较高，且路况复杂，容易影响出行体验。
- 经典景点集中：云南的经典景点如昆明、大理、丽江、香格里拉等已成熟开发，适合跟团高效游览。
- 省时省力：跟团游可省去路线规划和交通安排的麻烦，更适合对云南不熟悉的游客。
- 舒适度保障：团内司机和导游服务，游客可专注享受旅途，减少驾驶疲劳或未知因素带来的不便。

若是熟悉云南路况，注重深度游览、避开热门景点，且有一定驾驶经验的小团队，则可以选择自驾游，灵活探索更具地方特色的小众景点。

3.3.5 多轮式提问

多轮式提问是一种通过多个阶段或多轮次进行深入探索的提问方式。在这种提问方式中，通过一系列逐步深入的问题，帮助AIGC更准确地理解用户需求，逐步获取更全面、细化和精准的回答。在信息不完全、问题复杂或需要逐步推导的场景中可使用这种提问方式。它能够通过不断澄清问题、深入分析每个细节，从而获得最终的解决方案或建议。

1. 示例：我应该选择哪个编程语言学习？

AIGC生成内容如下（节选）。

选择哪种编程语言学习取决于你的目标、兴趣以及职业发展方向。以下是一些常见编程语言及其适用场景，可以帮助你做出决定。

1. 初学者：容易上手的语言

Python

特点：简单易学，语法直观，广泛应用。

用途：数据分析、人工智能、机器学习、Web开发、自动化脚本等。

推荐理由：适合初学者，也是多领域通用语言。

JavaScript

特点：运行在浏览器中，无须额外安装环境。

用途：前端开发（网页交互）、后端开发（Node.js）、全栈开发。

推荐理由：入门简单，是学习Web开发的首选。

2. 软件开发和企业级应用

Java

特点：成熟、跨平台（"一次编写，到处运行"）。

用途：企业级应用开发、安卓应用开发、后端服务。

推荐理由：适合追求稳定性、进入传统软件行业的人。

C#

特点：与Windows生态系统紧密结合。

用途：桌面应用、游戏开发（Unity）、Web开发（.NET）。

推荐理由：适合对微软技术栈感兴趣的人。

……

以上提问没有提供背景信息、没有关键词限制条件，生成的内容也很宽泛，没有针对性。

2. 优化方法

● 明确每轮提问的目标。每轮提问都应有明确的目标，使得每轮问题都朝着最终解答目标推进，避免问题过于宽泛，导致偏离主题。

● 利用上一轮回答调整问题。每一轮的回答为下一轮提问提供反馈。根据前一轮回答中的细节或遗漏，调整问题，确保提问的连贯性与深度。

● 简化或明确问题的重点。在多轮式提问中，问题的重点可能会随着每轮的深入提问逐渐明确。确保每轮问题简洁明了，不冗余，也不漏掉重要细节。

3. 优化示例

第一轮提问：请对比Python和JavaScript的使用场景。

AIGC生成内容如下（节选）。

Python和JavaScript是两种广泛使用的编程语言，各有特点和优势，其使用场景也有所不同。以下是它们的对比。

1. 通用性与主要应用领域

Python

特点：以简单易读著称，专注于清晰的语法和广泛的库支持。

主要应用场景：

● 数据科学与分析：Pandas、NumPy、Matplotlib、Scikit-learn 等库提供强大支持。

● 机器学习与人工智能：TensorFlow、PyTorch、Keras 等框架在 AI 领域非常流行。

● Web 开发：通过 Django、Flask 等框架构建后端服务。

● 自动化与脚本：适合编写系统脚本、自动化测试和任务。

● 教育与原型开发：简单的语法非常适合初学者和快速开发原型。

JavaScript

特点：最初为浏览器开发的语言，现在已扩展为全栈语言（Node.js）。

主要应用场景：

● 前端开发：核心语言，用于动态网页交互，搭配框架（如React、Vue.js、Angular等）。

- 后端开发：通过Node.js构建高效服务器，适合实时应用（如聊天应用、多人协作工具等）。
- 全栈开发：使用JavaScript构建从前端到后端的完整解决方案（MERN或MEAN框架）。
- 移动开发：通过React Native或Ionic构建跨平台移动应用。
- 嵌入式和IoT：通过Johnny-Five等库进行硬件控制。

2. 学习曲线

Python

- 学习曲线平缓，语法接近自然语言，非常适合初学者。
- 编写代码更快，适合快速构建和迭代。

JavaScript

- 初学门槛低，但深入掌握需要理解浏览器行为（如DOM、事件循环等）和异步编程（如回调、Promise、async/await等）。
- 适合对Web开发感兴趣的初学者，但调试和环境配置可能较复杂。

……

第二轮提问：如果我主要关注人工智能，Python是否更合适？

AIGC内容生成如下（节选）。

是的，如果你主要关注人工智能，Python是目前最合适的编程语言之一，原因如下。

1. 丰富的生态系统

Python 拥有大量用于人工智能和机器学习的库和框架，这些工具极大地简化了开发过程。

（1）机器学习框架

- Scikit-learn：支持多种经典的机器学习算法。
- XGBoost、LightGBM：适合高效的模型训练。

（2）深度学习框架

- TensorFlow：谷歌支持的强大框架，适用于生产级应用。
- PyTorch：Facebook开发，简单易用，广泛用于研究和开发。
- Keras：高级API，适合快速构建深度学习模型。

（3）科学计算与数据处理

- NumPy：用于快速数组操作。
- Pandas：提供强大的数据处理和分析功能。
- Matplotlib、Seaborn：用于数据可视化。

这些工具使 Python 在数据预处理、建模、训练、评估等方面表现突出。

2. 简单易用，降低开发难度

- Python 的语法简洁，接近自然语言，可以更专注于算法和模型，而不是代码本身。
- 初学者容易上手，对于数学或统计背景的从业者尤其友好。

3. 社区支持和资源丰富

- Python 拥有一个庞大且活跃的社区，提供了丰富的教程、文档和学习资源。
- 在人工智能领域，Python 是研究和实践的主流语言，学术论文、开源项目和代码实例大多基于 Python。

……

总结

如果你的目标是进入人工智能领域，Python是绝对首选。

入门建议

- 学习基础语法（使用 Jupyter Notebook 有助于上手）。
- 学习相关库，如NumPy、Pandas、Matplotlib（数据预处理与可视化等）。
- 学习机器学习框架（Scikit-learn），逐步接触深度学习框架（TensorFlow 或 PyTorch）。

Python的简洁性和生态系统会让你在人工智能的学习和实践中事半功倍！

在第一轮的回答中，AIGC提到JavaScript主要用于前端开发，而Python在人工智能领域更为流行。此时，用户就可根据这个信息进行第二轮提问，进一步细化需求。

3.4 高效反馈机制

与AIGC沟通时，要想得到满意的回答，除了优化提问，还需要给予AI一定的反馈，一步步引导才行。本节将对AIGC反馈的一些方法进行简单介绍，图3-4所示为反馈机制思维导图。

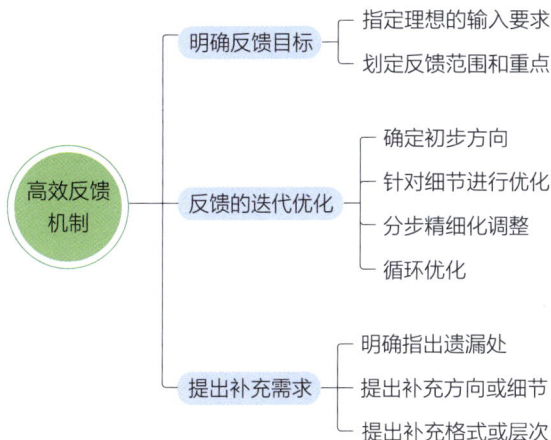

图3-4 反馈机制思维导图

3.4.1 明确反馈目标

有清晰明确的反馈目标，可以避免模糊指令导致的结果偏差，提高沟通效率。反馈要求越清楚，得到的答案就越满意。

1. 指定理想的输出要求

当AIGC给出的回答太过含糊时，用户给予的反馈就需清晰地说明理想的答案要求。如果只反馈"请介绍得详细一点"或"回答不太对，重新生成"等信息，就会让AIGC无法理解用户需求，更别提回答的准确性了。

示范1：将第2点内容扩充至300字，按时间顺序展开，并举两个例子加以说明。

示范2：第3点与我的要求不符。请结合××案例，并站在××角度重新描述一下。

2. 划定反馈范围和重点

有时候AIGC会给出过多的内容，或者抓错重点。这时就需要告诉它，哪个部分是最重要的，或者明确指出某项内容的问题，并给出修改方向。

示范1：这篇文章的重点是介绍××技术的具体应用。比如××工具的使用方法，不需要介绍太多的技术原理。

示范2：请专注于列举××技术带来的好处，关于"挑战""问题"等内容可一笔带过。

也就是说，通过设定边界或内容重点，让AIGC更聚焦于核心内容，避免无关信息的输出。

举例：假设AIGC写了一篇关于"低糖咖啡"的广告文案。第一次输出的结果不符合要求，需进一步引导，使其写出满意的回答。

错误反馈：文案不太好，请重写。

这里的"不太好"没有明确是哪一方面不好，是文案结构不合理，还是内容不够生动？如果重写可能还是不合意。

正确反馈：文案整体不错，但风格不够幽默，请在开头加一句吸引人的俏皮话，如"低糖不低调，陪你熬过加班的每一夜"。

该反馈比较清晰，既肯定了文案的整体结构，又明确指出了需要改进的部分（风格不够幽默），还提供了具体的修改示例。

3.4.2 反馈的迭代优化

虽然AIGC技术很强大，但它的输出往往只是基于用户的最初指令，可能会不完全符合预期。通过反复反馈和逐步优化，可引导AIGC更好地理解用户需求，从而输出更精准、更高质量的结果。反馈优化核心步骤如下。

1. 确定初步方向

第一次生成结果时，不要追求完美，而是把重点放在大方向上，如结构是否正确、整体逻辑是否清晰等。

举例：假设让AIGC写一篇关于如何培养阅读习惯的文章。

反馈：文章结构很好，但开头有点平淡。能不能用一个有趣的数据或故事吸引读者？"

反馈中没有纠结于细节，而是聚焦于整体的开头部分，给出一个优化方向。

2. 针对细节进行优化

大方向定好后，接下来就是打磨细节，如内容深度、语句表达、风格统一等。此时，反馈信息要具体且有针对性。

举例：假设AIGC优化后的开头为"根据统计，90%的成功人士都有每天阅读的习惯，但为什么大多数人坚持不下来？今天，我们来聊聊如何轻松培养阅读习惯。"

反馈：这个开头不错，但"成功人士"有点严肃，改成"身边的厉害朋友"会更接地气，贴近年轻读者。

通过这轮反馈，用户对一个具体用词进行了优化，使内容更符合目标受众的喜好。

3. 分步精细化调整

如果输出内容较长或要求较高，最好分步优化，一步步地完善，避免信息过载。

举例：假设已生成"如何培养阅读习惯"文章，用户可通过以下三轮反馈来调整内容。

反馈1：结构框架已经不错了，先把第2部分的内容补充详细，如"如何选择阅读材料"，可以列出几个具体方法。

反馈2：第2部分很好，现在第3部分"时间管理"可以更有趣一些，比如，举一个日常的例子。

反馈3：整体已经很好，最后加一段总结，告诉大家"阅读带来的长期改变"。

逐步精细化反馈的过程，能让AIGC一步步完善内容，最终达到理想的效果。

4. 循环优化，打磨输出内容

迭代优化是一个循环往复的过程。每次反馈后，都可以再进行评估，看看还有哪些地方可以进一步提升，如语言风格、逻辑衔接、字数控制等。

举例：假设让AIGC生成一份"低糖咖啡"宣传文案。

初稿反馈：文案不错，但有点普通，开头加一句幽默的话吸引人。

修改后反馈：幽默感有了，但第2句和第3句有点啰唆，精简一点，保持节奏感。

最终反馈：现在整体流畅了，最后加一句有号召力的结尾，比如，"低糖咖啡，陪你活力一整天！"

每一轮反馈都是在解决一个具体问题，最终打磨出既有创意又吸引人的文案。

> **操作技巧**
>
> 　　反馈迭代优化和多轮式提问虽然在逐步调整输出上有重合，但在应用场景和操作方法上截然不同。反馈迭代优化更适合打磨现有内容，通过反复反馈，让生成的内容更完美。而多轮式提问更适合任务分解，逐步引导AIGC生成复杂且庞大的任务。在实际使用中，可结合两者灵活应用：先用多轮式提问完成文章大框架，然后用反馈迭代优化打磨文章细节。

3.4.3　提出补充需求

补充需求是指在AIGC给出初次回答后，发现内容有遗漏，或需要添加额外信息，这时就需明确且具体地提出补充要求，让AIGC进一步完善内容。

1. 明确指出遗漏处

明确指出AIGC有哪些内容没有提到，或哪部分内容不够详细。

举例：假设AIGC生成了一篇关于"如何养成晨跑习惯"的文章，你发现缺少关于"如何选择跑步装备"的内容，那么可以进行以下补充反馈。

补充反馈：文章整体不错，但缺少关于跑步装备的建议。请补充一段内容，介绍跑步鞋和穿着的重要性。

2. 提出补充方向或细节

在提出补充需求时，尽量提供一些具体的方向或要求，帮助AIGC更好地完善内容。

举例：假设AIGC生成一份关于"低糖饮食"的文章，但具体的食材例子太少，需补充其他食材示例。

补充反馈：请补充一些低糖饮食的食材示例，比如，具体的水果、蔬菜和主食，让内容更实用。

3. 提出补充格式或层次

如果补充的内容较复杂，可以设定内容的格式或结构，让AIGC按照提供的需求进行补充。

举例：假设在生成的"高效学习方法"文章中遗漏了关于时间管理的内容，可通过以下方式进行补充。

补充反馈：请补充一段关于时间管理的方法，可以分为以下三点：1. 如何制订学习计划？2. 如何合理安排休息时间？3. 如何避免拖延？

3.5　知识拓展——使用AIGC生成广告文案

初学者在提问之前，如果没有任何想法或思路，则可以尝试让AIGC帮忙调整思路。

举例：假设我需要写一篇关于咖啡饮品的广告文案。不知道该用哪种方式进行提问，那么可对AIGC进行如下提问。

提问1　我要写一篇关于咖啡饮品的广告文案。请告诉我，需要我提供什么样的关键信息？

AIGC生成内容如下。

为了帮助你写一篇关于咖啡饮品的广告文案，我需要一些关键信息。具体来说，你可以提供以下几点。

- 咖啡品牌或产品名称：如果有品牌名或者具体的产品名称，可以帮助定制广告文案。
- 目标受众：你的广告文案是面向哪些人群？是年轻人、上班族、还是咖啡爱好者？
- 咖啡的特点：这款咖啡有哪些独特的卖点？例如，是否有特别的口感、使用的咖啡豆、制作工艺等。
- 广告目标：你希望广告达成什么效果？是提高品牌认知、促销特定产品、吸引客户到店，还是提升在线销售？
- 品牌调性：品牌风格如何？是偏向高端、时尚、还是亲民、轻松的风格？
- 促销信息（如有）：如果有促销活动或折扣信息，可以加入广告文案。
- 广告平台：广告会出现在什么渠道（如社交媒体、电视、传单等）？

提供这些信息后，我可以帮助你定制更合适的文案。

通过以上生成的内容，用户可逐条填写，也可选择填写，然后使用示例式提问方式进行下一轮提问，以便生成符合需求的文案内容。

提问2　请根据我提供的内容，写一篇低糖冰咖啡的广告文案。①咖啡名称：清醒冰咖啡；②目标受众：上班族和年轻人；③咖啡特点：口感清爽、甜味适中、健康选择；④文案风格：轻松、幽默。

AIGC生成内容如下。

好的，基于你提供的信息，这里有一篇适合低糖冰咖啡的广告文案：

清醒冰咖啡

一杯冰爽，告别困倦

忙碌的早晨，脑袋昏昏沉沉？清醒冰咖啡来救场！

低糖、清爽、口感适中，它是你工作日的最佳搭档，让你保持清新，尽享健康。

不再为甜腻的饮品烦恼，轻松拥有好味道和满满的能量！

是不是已经闻到那股冰凉的清香了？快来一杯，活力满满，一整天都不累！

第 4 章

AIGC 文本创作

随着技术的持续进步和应用的日益发展，人工智能应用正在悄然改变我们的工作方式，并在办公领域显著提升了效率与精确度。它能够实现文字的自动化处理、排版、摘要生成以及多语言翻译，还能智能分析数据并自动生成报告，甚至能够创建并美化PPT。这些功能使得办公过程更加高效且便捷。本章将介绍AIGC在文本创作领域的应用，为用户提供高效创新的工具支持。

4.1 AIGC智能文案

在文案处理方面，AIGC展现出超强的能力，不仅能够自动完成文字编辑、排版、摘要提炼、实现多语种翻译等任务，还能够快速响应需求变化，显著提升文案创作与处理的效率与准确性，同时提供多样化的文案风格与创意支持。

4.1.1 撰写文章

当前，大多数先进的文章生成工具在撰写文章方面展现出了鲜明的特点和优势。这些工具凭借卓越的自然语言处理技术，能够迅速产出条理清晰、内容丰富的文章，显著加快了写作速度。此外，它们还能根据用户的特定需求进行个性化调整，提供多种写作风格和格式选项，并且内置了自动错误检查和优化功能，确保文章在各种应用场景下的适用性和高质量。

如果需要写一篇书评，应该提供以下信息，以确保能够生成符合预期的内容。

1. 书籍的基本信息

书籍的标题、作者、出版社、出版日期、书籍的类型（如小说、非小说、科幻、历史等）和主题等基本信息。

2. 书籍的内容概述

书籍的主要情节、故事线或论点，以及涉及的关键人物、地点或事件。

3. 你的阅读体验和感受

书籍中哪些部分特别吸引你或让你印象深刻？书籍是否达到了你的期望，或者有哪些方面让你感到失望？

4. 书评的目的和风格

写书评的目的是什么（如推荐、分析、批评等）？书评的风格是正式、轻松还是幽默的？是否有特定的读者群体（如学术读者、普通读者、青少年等）需要考虑？

5. 其他相关信息

书籍的背景信息，如作者的写作风格、书籍在文学史或特定领域中的地位等。你希望AI在书评中强调或探讨的特定主题或问题。

6. 写作要求和限制

书评的字数要求或长度限制。是否有特定的格式或结构要求（如引言、正文、结论等）？是否需要引用书籍中的原文或他人评论来支持你的观点？

提供这些信息后，AI助手将能够更好地理解用户需求和期望，并生成一篇符合要求的书评。

当然，用户也可以只提供一些关键词，让其自由发挥。下面为图书《百年孤独》写一篇书评。书评往往需要从作品主题、人物形象、叙事风格，以及作品的文化价值等方面进行描写。为了获得更加精准、详尽的回复，用户可以将上述关键词加入提问中。

示例：请帮我撰写一篇关于加西亚·马尔克斯的小说《百年孤独》的图书评论。评论中希望能包含对作品主题、人物形象、叙事风格、文化价值，以及它为何成为经典等方面的深入分析。同时，也请谈谈这本书给你的个人感受和启发。

AIGC生成内容如下。

图书评论

《百年孤独》

哥伦比亚作家加西亚·马尔克斯的《百年孤独》是一部魔幻现实主义文学的巅峰之作，以其独特的叙事风格、深刻的主题和丰富的人物形象，成为拉丁美洲文学乃至世界文学的经典之作。小说通过描绘布恩迪亚家族七代人的兴衰史，展现了历史的循环与重复、现实与幻想的交织、家族与个人命运的交织、孤独与团结的对比以及历史的遗忘与记忆等主题思想，具有深刻的历史、文化和人性内涵。

主题思想的深刻性

《百年孤独》探讨了时间、孤独、命运、家族、爱情等深刻的人生主题。布恩迪亚家族不断经历着相似的命运和事件，反映了历史的循环性和重复性。家族成员的名字、性格和命运在代际间重复出现，象征着拉丁美洲历史的停滞和重复。孤独是小说中一个重要的主题，人物无论是个人内心的孤独，还是家族和社会的孤立，都深陷其中。这种孤独不仅是个人的，更是整个家族和社会共同的悲剧命运。通过家族成员的爱情、权力、孤独和死亡等故事，小说展现了人性的复杂性和多样性。

丰富的人物形象

小说中塑造了众多丰富多彩的人物形象，每个人物都有着独特的性格和命运。何塞·阿尔卡蒂奥·布恩迪亚作为家族的第一代，他既是天才又是疯子，拥有绝对的管理和领导能力，能够带领众人建立马孔多，但他对炼金术、星体运行等不切实际的研究又让他陷入孤独和疯狂。乌尔苏拉是家族的灵魂和支柱，她坚强、聪明、仁慈，肩负起了本应是整个家族合力完成的责任，但她的人生也充斥了太多的责任与劳累。奥雷里亚诺·布恩迪亚上校是整本书中我最喜欢的人物，他沉默寡言，性格孤僻，充满理想和洞察力，但战争的虚无使他麻木，他的孤独是坎坷和多重的。这些人物性格鲜明，命运交织，共同构成了一幅丰富多彩的人生画卷。

独特的叙事风格

马尔克斯的叙事风格独特，充满了魔幻色彩，他将现实与幻想、神话与历史交织在一起，创造出一种独特的叙事风格。小说中描绘了一系列无法理解的事情，如预言、占星术、人体飘浮等。这些事件穿插在真实的日常生活之中，使得小说具有幻想性和梦境般的质感。马尔克斯还运用了倒叙、循环、象征等叙事手法，使得整个故事在不断变幻中充满了神秘感和艺术感。此外，小说以非线性时间结构展开故事，跨越了多个世纪和多个世代，模糊了时间间隔，增强了魔幻现实主义元素的效果。

文化价值的深远性

《百年孤独》不仅是一部文学巨著，更是一部具有深刻文化价值的作品。小说背景设定在一个虚构的马孔多小镇，虽然是虚构的世界，但反映了20世纪哥伦比亚和拉丁美洲的政治、历史和文化。通过对小镇的描写，小说展现了哥伦比亚的政治、经济、文化等方面的变迁，揭示了拉丁美洲社会和人性的普遍问题。小说对殖民、独立、内战等重要历史事件进行了深刻的反思，探讨了这些事件对人类的影响和启示。

成为经典的原因

《百年孤独》之所以成为经典，不仅在于其独特的叙事风格、丰富的想象力和深刻的内涵，更在于其对人性、历史和文化的深刻探讨。小说触动了读者内心最深处的情感共鸣，引起了人们对生命、爱情、时间等问题的思考。马尔克斯的文学语言极具美感，充满了诗意和魔幻色彩，使得整部小说读起来像是一首诗歌，给人以美的享受。此外，小说对后世的文学创作产生了深远的影响，许多作家受到其启发，尝试运用类似的叙事技巧和风格。

个人感受和启发

阅读《百年孤独》是一次令人震撼和感动的经历。小说中的每一个人物、每一个事件都仿佛在我心中留下了深刻的印记。布恩迪亚家族的兴衰史让我对人类的命运和历史的演进有了更深入的思考。马尔克斯通过细腻的笔触和独特的叙事风格，让我感受到了拉丁美洲文化的魅力和复杂性。小说中的孤独和团结、疯狂和理智、遗忘和记忆等主题思想，让我对生命和人性的理解更加深入和全面。

总之，《百年孤独》是一部深刻而充满魔幻色彩的文学巨著。它不仅具有高度的文学价值，还通过对人物形象、历史背景、人性探讨等方面的描写，展现了人类的命运和历史的轨迹。阅读这本书，让我受益匪浅，也让我更加热爱文学和人性探索的道路。

4.1.2 修改文章

使用AIGC对文章进行修改能够显著提升写作效率，快速发现并修正文章中的错误，同时，能够保持文章原意并丰富语言表达，使文章更加通顺流畅、具有吸引力。

如果用户想让AIGC帮忙修改文章，可以按照以下步骤进行。

Step 01 提交初稿。将文章初稿以文档形式（如Word、PDF或纯文本等）发送给AI助手，确保文档格式清晰，易于阅读，最好有适当的段落划分和标题。

Step 02 明确修改要求。在发送初稿时，简要说明需要修改的具体要求。例如，希望改进语言表达、调整文章结构、增强逻辑连贯性，或者对某些特定内容进行深入或简化。

Step 03 提供背景信息。如果文章涉及特定的专业知识或背景，需要提供相关的背景信息或参考资料，以便其更好地理解文章内容和目的。

Step 04 等待修改建议。在收到初稿后，AIGC会根据用户的要求和提供的背景信息，对文章进行修改。修改可能包括语言润色、结构调整、内容增删等方面。

Step 05 审阅修改稿。生成修改稿后，用户应注意自动生成的信息可能存在的语境理解局限、文化敏感性偏差等问题，因此，需要进行人工审阅，以确保文章的准确性和恰当性。如果有需要，可以进一步提出修改意见或建议。

示例：对一份"生产部经理述职报告"进行修改。

上传文档并发送内容修改要求，如图4-1所示。

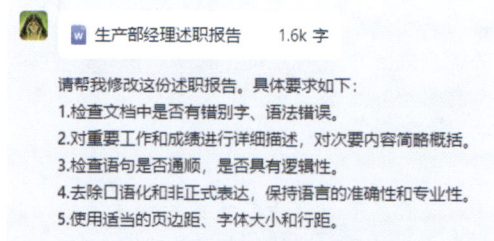

图4-1　上传文档并发送修改要求

AIGC生成内容如下。

根据您提供的生产部经理述职报告原始文档以及您的修改要求，我对报告进行了以下修订。

生产部经理述职报告（修订版）

作为生产部经理，我深知责任重大，每一天都充满了挑战与忙碌。现将我在2024年的工作情况总结如下。

一、全年工作情况

（一）明确任务，开拓创新，高效组织施工生产

2024年，苏州工程处面临了前所未有的挑战，包括雨季时间长、施工作业面紧张、地方关系协调困难等多重不利因素，给生产组织带来了极大的困难。面对这些挑战，我采取了以下措施。

1. 强化生产准备

针对工程项目点多面广、战线长、施工难度大的实际情况，我重点加强了施工前的组织、材料、设备及施工机具的准备。通过及时组织技术、材料、预算等部门对施工方案进行敲定，明确了工期、质量、安全目标，为后续施工打下了坚实基础。

2. 严密生产组织

针对工程施工任务量大的特点，我始终坚持生产例会制度，定措施、抓落实、提要求，解决实际问题。通过多次组织现场协调会和专业办公会，帮助机组科学合理地安排施工顺序，研究和确定了施工方案和施工计划，确保了生产任务的顺利完成。

3. 严肃生产计划

我高度重视生产计划的执行和考核，对生产会议确定的各阶段工期进行了严格的督查。通过采取超常规措施，及时纠正偏差，确保整体目标和阶段目标的达成。

4. 文明施工管理

在施工管理方面，我狠抓了现场文明施工管理，要求按高起点、高标准、高水平运行。通过持续努力，各机组的施工现场均达到了文明施工标准，树立了公司良好的品牌与形象，赢得了业主的广泛好评。

5. 靠前指挥，及时解决问题

在施工季节，我深入工地，靠前指挥、指导、协调和服务，加强了监督和检查的力度。这一举措有效提高了工作效率，促进了各机组的施工进度。

（二）加强安全管理，确保生产无事故

我始终坚持"以人为本"的理念和"安全第一，预防为主"的基本方针。通过加强对施工现场的监督检查力度，开展安全教育，落实安全生产责任制，确保了昆大管线项目部安全管理工作的平稳运行。

二、加强自身廉政建设，提升服务意识

作为一名领导干部，我深刻认识到廉洁奉公、勤政为民的重要性。我始终保持自律意识，做到自重、自警、自励，清正自守。同时，我牢固树立服务意识，努力为职工和项目部创造更好的工作环境。

三、总结经验，加强学习，提升管理水平

为了适应新形势新任务新要求，我主动加强业务知识和理论的学习。通过参加党员先进性教育活动，我进一步理解了新时期保持共产党员先进性的基本要求，并在政治、思想、作风等方面取得了较大进步。同时，我也从其他领导同志身上汲取优点和长处，弥补自身不足，努力提升企业管理水平。

四、存在的不足及改进措施

虽然我在过去一年中取得了一定的成绩，但仍存在一些问题和不足。

1.政治理论学习不够自觉

由于工作繁忙，有时忽视了政治理论学习。今后我将更加自觉地加强学习，提高政治素养。

2.工作方法有待改进

由于生产任务繁重，我在工作中有时显得比较急躁。今后我将努力改进工作方法，提高领导水平和领导艺术。

在新的一年里，我将正视困难，团结同志，改进不足，努力使生产管理工作再上一个新的台阶。

格式调整建议：

- 页边距：请确保页边距设置为合理的值（如上、下、左、右各2.5厘米等）。
- 字体大小：建议使用正文字体大小为12磅或1.5倍行距，以确保文档的可读性。
- 行距：正文部分可采用1.5倍行距，以增加文档的可读性和美观性。

请根据您的具体需求对文档进行进一步调整和完善。如有其他问题或需要进一步的帮助，请随时告知。

4.1.3 翻译文案

目前有很多流行的在线翻译工具，如谷歌翻译、百度翻译、迅捷翻译、Bing翻译等。其中，一些翻译工具结合了人工智能技术，用以提高翻译的准确性和效率。这些翻译工具通常能够结合上下文进行翻译，理解语言的含义和语义关系，从而生成更自然、更准确的译文。

下面通过"百度翻译"对比"传统机器翻译"和"AI大模型翻译"的差别。

Step 01 访问百度翻译网页。在浏览器中输入"百度翻译"并搜索，或直接访问百度翻译官网。百度翻译网页提供文本翻译和文档翻译两种方式。文本翻译适用于输入较短文字进行翻译；文档翻译适用于上传较长文档进行翻译。如果选择文本翻译，则在文本框中粘贴或输入要翻译的文字；如果选择文档翻译，则在"点击或拖拽上传"区域单击鼠标，选择PDF、Word、Excel等格式的文档进行上传（或直接将文档拖至该区域），如图4-2所示。

图4-2　文档上传界面

Step 02 传统机器翻译。在页面左上角选择好源语言和目标语言。选择"传统机器翻译·通用领域"模式。此处将一份英文"商务询盘信函"内容复制到文本框中，页面右侧随即会将文本框中的英文内容实时翻译为中文，如图4-3所示。

Step 03 AI大模型翻译。在页面顶部单击"AI大模型翻译·高级版"按钮，切换至AI翻译模式，页面右侧会重新生成中文翻译结果。经过对比可以发现，"传统机器翻译"和"AI大模型翻译"的准确性都很高，但是"AI大模型翻译"能够更好地把握微妙的上下文语境，翻译的内容更加流畅自然，如图4-4所示。

图4-3　传统机器翻译结果显示界面

图4-4　AI大模型翻译结果显示界面

4.1.4　提供创意灵感

AIGC可以快速生成大量的内容草案，提供创意点子、故事线索或情节发展建议，帮助创作者打破思维瓶颈，激发新的灵感。这对于需要快速产出多个版本或进行大量内容创作的场景来说非常有用。以下是一些为创意提供灵感的方式。

* 内容生成：人工智能的内容创作工具可以生成各种类型的文本内容，如故事、诗歌、新闻、电子邮件等。这些生成的内容可以作为起点，激发用户的创意灵感。例如，用户可以使用自动生成的故事开头作为灵感，进一步展开自己的创意。

* 设计建议：在设计领域，人工智能生成技术可以根据用户的需求和偏好提供设计建议，包括颜色搭配、布局、字体选择等。这些建议可以帮助用户打破设计瓶颈，找到新的创意方向。

* 音乐与艺术：人工智能生成技术也被应用于音乐和艺术创作。它可以生成旋律、和弦和鼓点，甚至可以创作完整的音乐作品。在艺术方面，它可以生成各种风格的画作，为艺术家提供新的创作灵感。

* 游戏与互动体验：在游戏开发领域，人工智能生成技术可以帮助开发者设计游戏机制、生成关卡和剧情等。这不仅可以提高游戏的可玩性，提高玩家的体验感，还可以为游戏开发者提供新的创意思路。

* 数据洞察与趋势预测：通过分析大量数据，人工智能生成技术可以揭示隐藏的趋势和模式，这些洞察可以作为创意的灵感来源。例如，分析市场趋势、消费者行为等，为营销策略或产品开发提供新的思路。

* 风格迁移与变换：人工智能生成技术还可以进行风格迁移，即将一种风格应用于另一种内容。例如，可以将古典画作的风格应用于现代照片，创造出独特的视觉效果。这种变换过程本身就可能激发新的创意灵感。

示例：我想写一部小说，小说主要讲述一个有正式工作、生活无忧的人，为了追求艺术梦想，放弃自己目前所拥有的一切，投身艺术创作中。在这个过程中他将经历一系列考验，最终实现理想。你能为我将要创作的这部小说提供一些灵感吗？

AIGC生成内容如下。

当然可以，创作这样一部小说是一个充满挑战与激情的项目，它涉及人物的内心挣扎、外部环境的冲突，以及最终成长与实现的主题。以下是一些灵感和建议，希望能激发你的创作灵感。

1. 主角设定

• 背景故事：主角可以是一个在都市中拥有稳定职业（如工程师、律师、医生等）的中产阶级人士，生活看似完美无缺，但内心深处总感到一种空虚或不满足感，这种感觉源自他年轻时未完成的艺术梦想。

• 性格特点：主角性格中应有坚韧不拔的一面，同时也有脆弱和迷茫的时候，这样的设定能让角色更加立体，让读者产生共鸣。他/她可能对美有着敏锐的感知力，对色彩、形状、声音等有着超乎常人的敏感。

2. 触发事件

• 转折点：一个偶然的机会（如参加一次艺术展、偶遇一位艺术家，或是自己的一次即兴创作被认可）触发了主角内心深处的渴望，让他/她决定放弃现有的一切，去追求艺术梦想。

• 内心挣扎：决定不易，主角需要面对来自家人、朋友，甚至自我怀疑的压力。描写这些内心斗争，可以增加故事的深度和真实感。

3. 考验与挑战

• 经济困境：失去稳定收入后，主角必须学会在有限的资源下生存，包括打零工、借住朋友家，甚至露宿街头等。这些经历让他/她更加贴近生活的本质，也为艺术创作提供了丰富的素材。

• 艺术探索：艺术之路并非坦途，主角在创作过程中会遇到创作瓶颈、风格定位、市场接受度等问题。通过描述主角如何不断尝试、学习新技能，甚至失败重来，可以展现其对艺术的执着追求。

• 情感纠葛：与伴侣、家人或新朋友的关系因追求梦想而产生裂痕，这些情感上的挑战考验着主角的意志和人性，也是成长的重要部分。

4. 支持与启示

• 导师与伙伴：在主角最艰难的时刻，遇到一位启发性的导师或一群志同道合的朋友。他们不仅提供技术和精神上的支持，还帮助主角拓宽视野，找到属于自己的艺术语言。

• 自我发现：通过一系列挑战和经历，主角逐渐意识到艺术不仅仅是逃避现实的手段，更是探索自我、表达情感和连接世界的桥梁。

5. 高潮与结局

• 突破与成功：经过不懈努力，主角的作品终于获得认可，可能是在一个小型展览上引起轰动，或是通过网络平台获得广泛关注。这一成功不仅是对主角艺术才华的肯定，也是对其坚持梦想的回报。

• 反思与成长：虽然达到了职业上的成功，但主角更珍惜的是这一路上的成长和自我实现。故事结尾可以是对过去选择的回顾，以及对未来无限可能的展望。

记得，好的故事不仅仅是情节的堆砌，更是情感的传递和思想的启迪。希望这些建议能够激发你的创作灵感，让你的小说充满生命力，触动每一位读者的心灵。祝你写作顺利！

4.1.5 撰写脚本

对于特定类型的脚本，如新闻报道、广告文案或某些类型的视频脚本，AIGC可以自动遵循特定的格式和结构要求，确保内容的规范性和专业性。

示例：我打算拍摄一个美食类短视频，拍摄内容是家常版"拔丝红薯"的制作方法，你可以帮我生成一份视频拍摄脚本吗？

AIGC生成内容如下。

当然可以！以下是一份针对家常版"拔丝红薯"制作方法的视频拍摄脚本示例。请根据实际情况调整细节，以确保视频内容既吸引人又易于理解。

视频标题：家常美味·拔丝红薯制作秘籍

视频时长：3~4分钟

1. 开场（00:00—00:10）

• 镜头：特写镜头展示一盘金黄诱人的拔丝红薯，伴有轻微的拉丝效果。

• 旁白："大家好，欢迎来到我们的美食小厨房！今天，我们要一起动手做一道经典的传统甜品——拔丝红薯，保证让你在家也能享受到餐厅级别的美味。"

2. 准备材料（00:10—00:30）

• 镜头：快速切换展示所需材料：红薯（去皮切块）、白糖、食用油、清水、一小碗凉水和一双筷子。

• 旁白："首先，让我们准备好以下材料：新鲜红薯适量，去皮切成均匀小块；白糖适量，根据红薯量调整；食用油适量用于炸制；还有一小碗清水和一双筷子，后面会有大用处哦！"

3. 制作过程（00:30—02:30）

（1）炸红薯（00:30—01:00）

• 镜头：中景拍摄红薯块下锅，油热至五成热，慢火炸至金黄酥脆。

• 旁白："接下来，锅中倒入适量食用油，油热后，轻轻放入红薯块，小火慢炸至金黄色，记得要翻动，确保每一面都均匀受热。"

（2）熬糖浆（01:00—01:45）

• 镜头：近景展示白糖和水按比例放入锅中，加热至冒泡，颜色渐变至琥珀色。

• 旁白："红薯炸好后捞出备用。现在，我们来熬糖浆。锅中留少量油，加入白糖和清水，比例大约是2∶1，中小火加热，不断搅拌，直到糖浆变成琥珀色，泡沫变小且密集。"

（3）拔丝（01:45—02:15）

• 镜头：快速切换，展示用筷子蘸取少量糖浆放入冷水中能拉出细丝的状态，然后迅速将炸好的红薯倒入糖浆中翻炒。

• 旁白："关键一步来了！用筷子蘸一点糖浆迅速放入冷水中，如果能拉出细丝，说明糖浆熬好了。此时，立刻将炸好的红薯块倒入糖浆中，快速翻炒均匀，让每一块红薯都裹上糖浆。"

（4）装盘与拉丝展示（02:15—02:30）

• 镜头：将拔丝红薯盛出，盘子底部可事先抹一点油防粘，展示拉丝效果。

• 旁白："好了，拔丝红薯完成！装盘时可以在盘底抹一点油防止粘连。看，这晶莹剔透的拔丝，是不是很有食欲呢？"

4. 结尾与提示（02:30—03:00）

• 镜头：特写镜头展示拔丝红薯的诱人细节，配以轻松愉快的背景音乐。

• 旁白："家常版拔丝红薯，简单易学，甜而不腻，是家庭聚会或是小酌时光的绝佳选择。记得，熬糖浆时火候很重要，耐心和细心是关键。如果你也喜欢这道菜，不妨动手试试，记得分享你的成果哦！我们下期再见，美食之旅，永不落幕！"

5. 结束画面（03:00）

镜头：展示制作团队的LOGO或频道信息，鼓励订阅和点赞。

希望这份脚本能帮助你拍摄出精彩的美食短视频！祝你拍摄顺利，观众喜爱！

4.1.6 撰写营销文案

AIGC技术在撰写营销文案上的优势主要体现在提升效率和降低成本方面，它能够迅速产出大量文案内容，有效缩减人力投入，同时确保文案风格的一致性，对加强品牌形象大有裨益。此外，该技术还能依据消费者数据分析定制化创作文案，实现精准的市场营销，并且借助深度学习机制持续优化文案的质量与创意性。

为了能够写出更符合预期的营销文案，用户需要提供以下关键信息。

● 产品基本信息：包括产品的名称、类型（如电子产品、服饰、食品等）、主要功能或特点、目标市场或受众群体。

● 独特卖点：产品相较于市场上其他类似产品的独特优势或创新点，即"为什么消费者应该选择这款产品"。

● 产品规格与参数：尺寸、重量、材质、电池容量（针对电子产品）、保质期（针对食品）等具体信息。

● 使用场景：描述产品适用的具体场景或生活方式，帮助消费者想象自己使用产品的情景。

● 目标受众分析：包括受众的年龄、性别、兴趣爱好、购买力等特征，这将有助于定制更贴近目标市场的文案。

● 品牌故事或理念：如果适用，提供品牌背后的故事、理念或价值观，这有助于建立品牌情感连接。

● 竞品分析：市场上主要竞争对手的产品特点和营销策略，这将帮助我们在文案中突出差异。

● 价格与促销信息：产品的定价策略，是否有促销活动，如优惠券或限时优惠等。

● 视觉元素：产品图片、视频或设计风格的指导，这些将辅助文案传达产品的视觉吸引力。

● 营销目标与渠道：希望通过文案实现的营销目标（如提高品牌知名度、促进销售等），以及计划投放的渠道（如社交媒体、电子邮件、广告横幅等），这将影响文案的风格和长度。

示例：我想让你帮我写一个保温杯的营销文案。保温杯的基本信息如下。

①产品特点：316不锈钢、24小时长效保温、防漏、600 ml大容量、外观设计简约时尚、环保喷漆、坚固耐摔耐磨、按键弹跳开盖。

②目标用途：家用、办公室、户外等。

③受众群体：上班族、学生。

④创新点：无尾真空抽层、6层保温、内壁电解质研磨层。

⑤颜色：粉、白、紫、绿。

AIGC生成内容如下。

保温杯营销文案

【温暖随行，时尚生活新选择】

在这个快节奏的时代，每一刻的温暖都显得尤为珍贵。我们深知，无论是在忙碌的办公室，还是悠闲的家中，抑或户外的探险之旅，一杯恰到好处的热水总能给予你无限的力量与舒适。为此，我们精心打造了这款【XX品牌·长效保温杯】，让你的温暖与时尚，随时随地，触手可及。

【卓越材质，健康之选】

本品采用顶级316不锈钢材质，比传统304更加耐腐蚀，确保每一滴水都纯净如初，守护你的健康饮水生活。内壁特别添加电解质研磨层，不仅光滑易清洗，更有效防止水垢生成，让每一次饮水都如同山泉般清新。

【长效保温，温暖如初】

本品搭载无尾真空抽层技术与6层保温结构，24小时长效保温，无论是炎炎夏日的冰爽饮料，还是寒冬腊月的暖心热茶，都能保持最佳饮用温度，让你的每一口都刚刚好。

【防漏设计，随身携带】

精密的防漏密封圈，即便是倒置也不用担心漏水问题，无论是背包侧袋还是手提行李，都能轻松携带，无须担心意外发生。

【大容量设计，满足日常】

600 ml大容量设计，无论是高强度的工作日，还是悠闲的周末时光，都能满足你的饮水需求，无须频繁加水，让忙碌与休闲都更加从容。

【简约时尚，个性色彩】

外观设计简约而不失时尚，粉色、白色、紫色、绿色四种潮流色彩，每一款都能彰显你的独特品位，无论是上班族的干练，还是学生的活力，都能找到属于你的那一抹色彩。

【坚固耐用，陪伴左右】

环保喷漆工艺，不仅色彩亮丽持久，更增强了杯体的坚固耐摔耐磨性，即便是意外跌落，也能完好无损，陪伴你走过每一个精彩瞬间。

【一键开合，便捷操作】

按键弹跳开盖设计，单手即可轻松操作，无论是匆忙的早晨，还是紧张的工作间隙，都能轻松享受饮水时光，无须烦琐的步骤。

【××品牌，品质保证】

我们承诺，每一款保温杯都经过严格的质量检测，确保品质卓越，让你买得放心，用得舒心。选择××品牌，选择一份温暖与陪伴，让我们的生活更加美好！

立即行动，将这份温暖与时尚带回家，让每一天都充满能量与活力！

4.2　AIGC智能表格

目前各类主流的AIGC工具通常具备强大的数据处理与分析能力，这些工具能够高效处理大规模数据，自动识别并修正数据中的异常值，快速生成可视化图表和报告，帮助用户深入挖掘数据背后的潜在模式和趋势。相比传统方法，不仅提高了数据分析的准确性和效率，还降低了对专业技术人员的依赖，使非技术用户也能轻松上手进行数据分析。

4.2.1　数据清洗与转换

智谱清言基于先进的大语言模型技术，致力于为客户提供高效、精准、安全的自然语言交互服务，适用于科研、教育、商业等多个场景，具备强大的信息处理和多轮对话能力。其数据分析功能在自然语言理解、数据处理、分析方法、代码生成与执行、定制与扩展能力，以及实时反馈与持续优化等方面都表现出强大的优势。

1. 去除重复项

Excel表格包含一些重复的项目，并且"品牌与类别"列内包含了"品牌"和"类别"两种信息，如图4-5所示。下面使用智谱清言的"数据分析"功能，自动对该Excel表格进行整理与转换。

Step 01 启动智谱清言数据分析模式。智谱清言是一款网页应用，用户可以访问智谱清言的官方网站使用其网页版服务。打开网页后，选择页面左侧的"数据分析"选项，进入相应对话模式，如图4-6所示。

图4-5　含有重复项的表格截图

图4-6　智谱清言应用界面

Step 02 上传文件并发送数据分析要求。在对话框左侧单击 按钮，从打开的对话框中选择要进行处理的Excel文件，将其导入文本框中，在文本框内输入文字指令"删除表格中的重复行，保留唯一值"，随后单击 按钮发送，如图4-7所示。

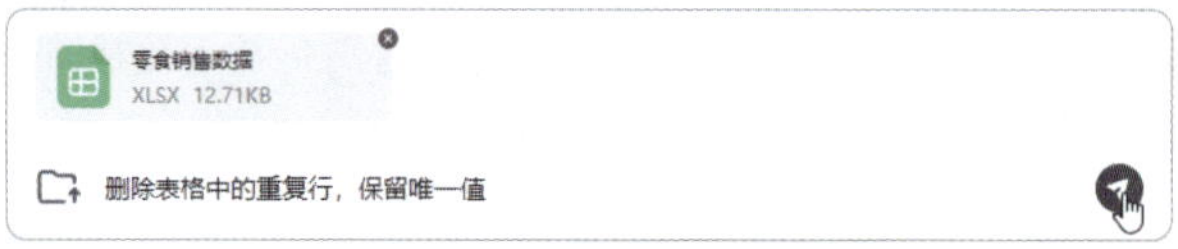

图4-7　上传Excel文件界面

Step 03 返回数据处理结果。智谱清言随即对表格中的数据进行分析和处理，处理完毕，每个处理结果都会生成对应的高质量Python代码，这些代码还包含了注释，便于用户理解和修改。单击"代码生成：已完成"，即可将数据分析的结果切换为代码。在回复的最下方会提供新文件的下载链接，单击该链接可以下载修改后的文件，如图4-8所示。

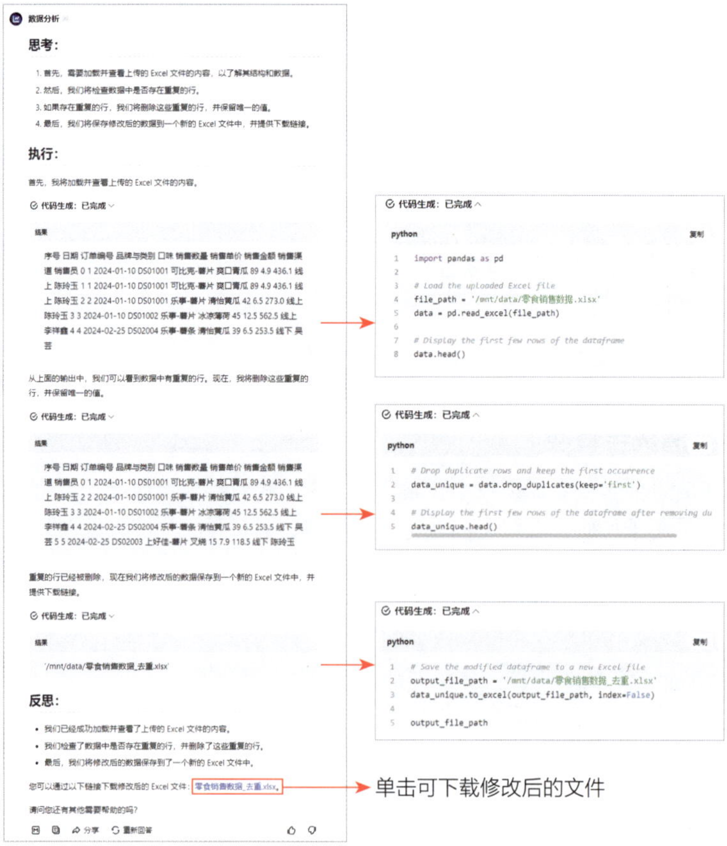

单击可下载修改后的文件

图4-8　数据处理结果返回界面

2. 数据分列

一些先进的AI系统，如大型语言模型，具有强大的上下文理解和生成能力，能够基于之前的对话内容生成后续的问题或回应。这样的AI工具可以在对话中保持连贯性，从而实现连续提问和回答，"智谱清言"也具备连续提问的能力。

Step 01 发送数据分列指令。接以上的会话，可以继续发送数据分列指令，智谱清言随即开始分析并处理数据，如图4-9所示。

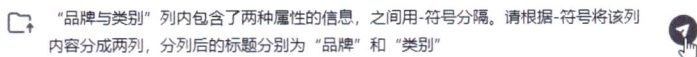

"品牌与类别"列内包含了两种属性的信息，之间用-符号分隔。请根据-符号将该列内容分成两列，分列后的标题分别为"品牌"和"类别"

图4-9　指令发送界面

Step 02 返回数据处理结果。数据处理完成后将返回结果，单击最底部的文件链接可以下载修改后的数据表，如图4-10所示。

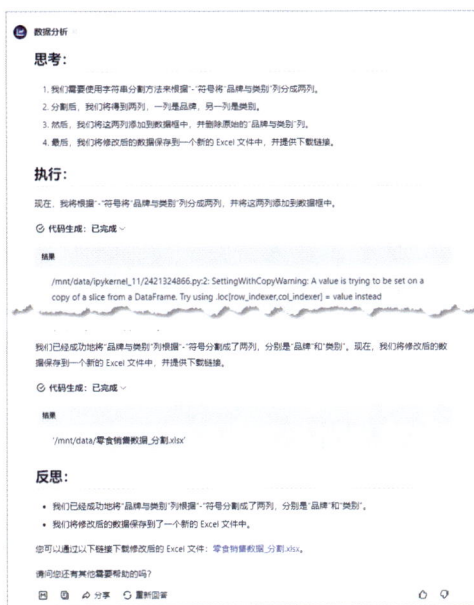

图4-10　数据处理结果返回界面

Step 03 保存处理后的表格。单击下载链接，打开表格后可以通过功能区提供的命令按钮对表格进行编辑。但是此时的表格是一个临时的在线文件，并不具备存储功能，因此操作完毕，需要单击表格顶部的"立即保存"按钮，将表格保存到计算机中的指定位置，如图4-11所示。

图4-11　处理后的表格保存到指定位置

4.2.2　深度数据挖掘

用户可以充分利用智谱清言的深度数据挖掘能力，从大量数据中提取有价值的信息和洞见。数据挖掘可以遵循以下步骤和策略。

● 确定问题域：明确想要挖掘的数据领域、主题或具体问题，如市场分析、用户行为、产品优化等。

● 设定目标：具体设定数据挖掘想要达到的目标，如识别潜在趋势、预测未来表现、发现用户偏好等。

假设，我想制作一份服装出口的相关报告，但是缺乏数据支持，所需数据包括当前年份出口总值及同比变化、增长率、主要出口国家、涨跌趋势等数据，此时可以使用以下方式进行提问。

示例：请帮我整理2024年我国服装出口的数据报告，主要分析方向如下：

1. 总体情况
● 2024年我国服装出口总值及同比变化是多少？

2. 细分品类
● 针织与梭织服装的出口额及数量同比变化如何？
● 主要细分品类（如T恤衫、衬衫、内衣、婴儿服装、外套等）的出口情况怎样？

3. 市场分布
● 我国服装主要出口到哪些国家和地区？
● 对西方发达国家与新兴市场的出口有何差异？

4. 价格与数量
● 服装出口是否呈现"量增价跌"趋势？
● 各类服装的出口数量和价格变化如何？

5. 地区差异
● 东部与中西部地区的服装出口份额有何不同？
● 哪些地区的出口份额有所回升或下滑？

6. 影响因素
● 2024年服装出口面临的主要挑战有哪些？
● 汇率、贸易环境、成本等因素对出口有何影响？

7. 未来趋势
● 我国服装出口的未来趋势如何？
● 在新兴市场、中高端需求、数字化转型等方面有哪些机遇？

随后通过网络搜索，并对搜索到的数据进行分析整理，生成详细的数据报告。同时，可以根据整理出的数据自动创建图表。在此基础上，若要挖掘更多数据，可以继续提问。AIGC生成内容如下。

1. 思考

● 总体情况：2024年我国服装出口总值及同比变化。据中国服装协会数据，2024年1—9月，我国服装（含衣着附件）累计出口1183.8亿美元，同比下降1.3%。

● 细分品类：针织与梭织服装的出口额及数量同比变化。1—9月，针织服装出口543.5亿美元，同比增长2.5%，出口数量174.6亿件，同比增长11.5%；梭织服装出口485.1亿美元，同比下降5.3%，出口数量103亿件，同比增长12.2%。

● 市场分布：我国服装主要出口到哪些国家和地区。1—9月，我国对西方发达经济体（美加欧英日澳新）出口金额665.3亿美元，同比增长0.5%；对"一带一路"共建国家出口496.8亿美元，同比下降5%。

- 价格与数量：服装出口呈现"量增价跌"趋势。1—9月，针织服装和梭织服装出口数量同比增幅均超过11%，出口价格均下降，梭织服装出口价格降幅更大。
- 地区差异：东部与中西部地区的服装出口份额。目前没有具体数据说明东部与中西部地区的出口份额差异。
- 影响因素：2024年服装出口面临的主要挑战，包括全球经济增长放缓、地缘政治冲突加剧、国际贸易摩擦频发等。
- 未来趋势：我国服装出口需持续关注国家宏观政策、市场需求变化、国际贸易环境等因素的影响。

2. 执行

接下来，我将使用Python绘制2024年中国服装出口的主要数据趋势图，包括总体出口额、针织与梭织服装出口额及数量、主要出口国家和地区分布等，有助于更直观地理解这些数据。完成后，我会再次询问您的下一步需求。

代码生成：已完成。

结果如下：

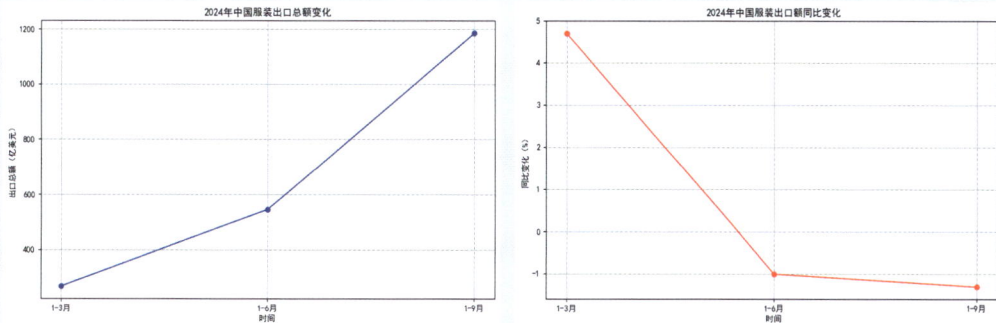

3. 反思

通过可视化，我们可以清晰地看到2024年中国服装出口总额的逐月变化及同比变化情况。总体上，出口总额呈逐月增长趋势，但同比略有下降。

针织与梭织服装的出口数据显示，针织服装出口额和数量均有所增长，而梭织服装则呈现下降趋势，这反映了市场需求和产品类别的变化。

服装出口市场分布方面，对西方发达国家和"一带一路"共建国家的出口情况各异，显示了市场多元化的特点。

4. 下一步

基于以上分析，您希望了解哪些更深入的信息或进行其他方面的数据分析？

4.2.3　报表数据自动分析

讯飞星火集成了文本生成、翻译等服务，并支持多种语言处理和文本生成任务，包括文章撰写、数据分析、报告生成、对话系统等。另外，其在知识问答、文本创作、代码生成等方面展现出强大的实力，并在教育、医疗、汽车等多个行业领域有广泛应用。接下来介绍其数据分析功能。

讯飞星火的数据分析助手智能体是一款基于讯飞星火大模型的智能应用程序，旨在提供更智能和便捷的数据分析服务。它具备多种功能，可以满足用户在不同方面的数据分析需求，具体来说包括但不限于以下几个方面。

- 财务数据分析：讯飞星火的数据分析助手可以帮助用户高效进行财务知识整理和财报分析

解读。它能够通过智能问答的方式，提供有关财务指标、股票影响因素等方面的分析，并能生成完整的财务分析报告。这对于财务人员、投资者和股票分析师等专业人士而言是非常有用的工具。

● 业务数据分析：除了财务数据，数据分析助手还可以应用于业务数据的分析。它可以处理各种业务数据，帮助用户了解业务状况、发现业务问题和制定业务策略。通过提供数据可视化和报告生成功能，数据分析助手使得业务数据的解读和呈现更加直观和易于理解。

● 个性化数据分析：讯飞星火的数据分析助手具备个性化服务的能力。它可以学习用户的偏好和习惯，根据用户的历史记录和反馈，提供个性化的数据分析服务。这意味着用户可以根据自己的需求定制数据分析任务，并获得更符合自己期望的分析结果。

● 多模态数据处理：数据分析助手支持多模态数据处理，包括文本、语音、图像等。这意味着用户可以通过不同的方式输入数据，获得相应的分析结果。这种灵活性使得数据分析助手更加适用于多样化的应用场景和广泛的用户群体。

1. 添加官方智能体

用户可以访问讯飞星火官方网站或使用讯飞星火APP来开始创建智能体。

Step 01 执行"新建智能体"命令。进入讯飞星火官网，在页面右上角单击"新建智能体"按钮，如图4-12所示。

Step 02 关闭创建智能体对话框。用户可以在弹出的对话框中输入文字描述，创建新的智能体，或添加官方智能体，此处想要添加现有智能体，因此单击"取消"按钮，关闭对话框，如图4-13所示。

图4-12 讯飞星火官网界面

图4-13 关闭创建智能体对话框

Step 03 添加"数据分析助手"。此时页面中会显示现有智能体，切换至"编程"分类，选择"数据分析助手"选项，如图4-14所示。

Step 04 进入"数据分析助手"对话框页面。页面随即切换至"数据分析助手"对话模式。此后页面左侧导航栏中的"我的智能体"分组内便会显示"数据分析助手"选项。打开讯飞星火页面后，单击该按钮即可启动"数据分析助手"对话模式，如图4-15所示。

图4-14 选中"数据分析助手"选项

图4-15 "数据分析助手"对话框页面

2. 生成数据分析报告

讯飞星火的数据分析助手支持上传多种格式的Excel文件，并实现数据提取、预处理、统计分析、可视化展示以及预测建模等功能。本例将要使用的Excel数据模型如图4-16所示。

序号	日期	客户姓名	客户类型	房号	面积	销售单价	折扣	成交单价	销售金额	付款方式	置业顾问
1	10月1日	刘全	新成交客户	6-1-603	126.35	9288	95.0%	8823.6	1114862	按揭贷款	张青
2	10月3日	王晓	新成交客户	26-2-2603	146.56	8922	95.0%	8475.9	1242228	按揭贷款	李彤
3	10月5日	赵佳	老客户	7-1-702	108.62	9089	96.0%	8725.44	947757	公积金贷款	何洁
4	10月6日	孙勇	新成交客户	7-1-701	110.56	8942	98.0%	8763.16	968855	一次性付款	刘军
5	10月7日	李雪	老客户	11-2-1101	108.96	8945	98.0%	8766.1	955154	按揭贷款	童建
6	10月8日	曹兴	老客户	11-2-1102	108.96	8945	97.0%	8676.65	945408	一次性付款	陈龙
7	10月9日	徐蚌	新成交客户	9-2-901	126.96	8465	98.0%	8295.7	1053222	按揭贷款	许佳
8	10月10日	李瑗	新成交客户	5-7-405	108.96	8945	95.0%	8497.75	925915	公积金贷款	李丹
9	10月13日	周丽	新成交客户	3-5-603	146.56	8465	96.0%	8126.4	1191005	一次性付款	周红
10	10月15日	孙可	新成交客户	9-1-102	108.62	8922	95.0%	8475.9	920652	商业贷款	张青

图4-16　要使用的Excel数据模型

Step 01 上传文件并输入数据分析要求。在"数据分析助手"模式下，通过文本框中的"文件上传"按钮，上传需要分析的Excel文件，随后输入文字要求，如图4-17所示。

Step 02 返回数据处理结果。讯飞星火随即开始对上传的文件进行分析，并对分析结果生成数据报告，在数据分析的过程中会同步生成Python代码，用户可以复制代码，与其他系统或平台进行集成，实现数据的无缝对接和共享，促进数据价值的最大化，如图4-18所示。

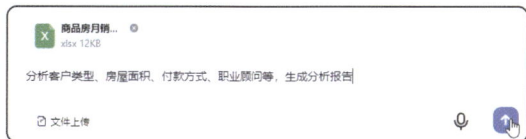

图4-17　上传文件并输入数据分析要求

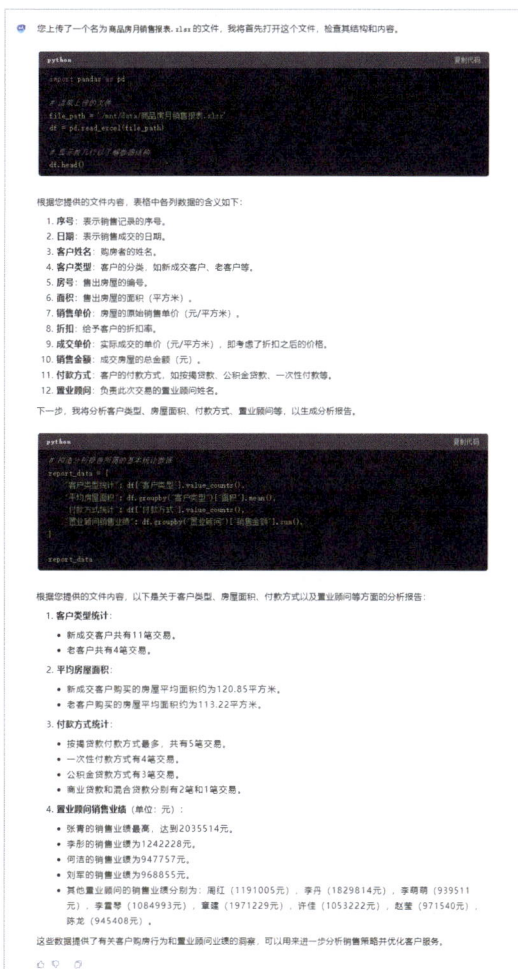

图4-18　返回的数据处理结果

4.2.4　智能整理客户信息

人工智能在客户信息管理方面具有显著的优势和广泛的应用前景。通过自动化、智能化手段，可以帮助企业更好地了解客户需求、提高客户满意度，并提供精准的营销策略。未来，随着人工智能技术的不断发展，人工智能技术管理客户信息的应用将越来越广泛，企业应积极拥抱这一技术，提升自身的竞争力。以下是智能管理客户信息的主要方式。

1. 自动数据采集与整合

人工智能工具可以从多个渠道自动采集客户信息，如社交媒体、电子邮件、客户关系管理系统、在线聊天记录等。这些多渠道的数据采集可以大幅减少人力投入，提高数据收集的效率和准确性。还能自动进行数据清洗和整合，将来自不同渠道的数据进行统一管理，提高数据的质量，为后续的分析奠定坚实基础。

2. 智能数据分析与洞察

智能数据分析是AIGC管理客户信息的核心功能之一。通过对海量数据的分析，可以提取有价值的信息，帮助企业更好地理解客户需求和行为。例如，通过分析客户的购买历史、浏览行为和互动记录，可以识别客户的兴趣和需求，制定更加精准的营销策略。此外，还能通过聚类分析、回归分析等方法，发现客户群体中的潜在模式和趋势，为企业的决策提供科学依据。

3. 个性化营销建议与推荐

AIGC工具可以根据客户的历史行为和偏好，提供个性化的营销建议。这不仅提高了客户的满意度，还能有效提升销售转化率。AI推荐系统可以根据客户的历史购买记录和浏览行为，推荐相关产品或服务。这种个性化的推荐方式不仅提高了客户的购物体验，也能有效提升销售额，还可以帮助企业制定个性化的营销活动，如定制化的促销邮件、个性化的广告等，以更好地吸引客户，提高营销效果。

4. 预测分析与风险管理

预测分析是管理客户信息的重要功能之一。通过对历史数据的分析，可以预测客户的未来行为和需求，帮助企业提前做好准备，提供更加精准的服务。例如，根据历史销售数据和市场趋势，预测未来的销售情况，帮助企业做好库存管理。此外，还可以通过分析客户的行为数据，预测客户的流失风险，及时采取措施进行挽回。

5. 自动化客户服务与反馈收集

智能客服可以通过自然语言处理技术，自动回答客户的问题，提供1对1的客户服务。这不仅可以提高工单处理的效率，还能确保每个请求都能得到及时的处理。AIGC工具还可以自动收集和分析客户的反馈信息，识别客户的满意度和问题所在。通过情感分析技术判断客户的情感倾向，帮助企业及时发现并解决客户的问题，提升客户满意度。

6. 数据安全与隐私保护

在管理客户信息的过程中，数据安全与隐私保护是至关重要的。AIGC工具可以通过数据加密技术，保护客户信息的安全。数据在传输和存储过程中应进行加密，防止泄露。还应制定明确的隐私政策，告知客户信息的采集、使用和保护措施。客户应有权了解和控制自己的信息，确保其隐私得到保护。

示例：请对下列客户信息进行分析，并整理成表格，同时提供下载链接。

客户信息列表

客户编号：001

姓　名：张伟

联系电话：138-×××-1234

电子邮箱：zhangwei001@example.com
地址：北京市海淀区××路××号院××号楼××单元×××室
偏好：喜欢户外运动，偏好购买户外装备
历史行为：曾购买登山鞋、帐篷等户外用品
客户编号：002
姓名：李娜
联系电话：139-××××-5678
电子邮箱：lina002@test.com
地址：上海市徐汇区××街道××小区××号楼××室
偏好：热爱阅读，喜欢购买文学类书籍
历史行为：曾购买多本经典文学作品，参与线上读书会
客户编号：003
姓名：王强
联系电话：133-××××-2345
电子邮箱：wangqiang003@random.org
地址：广州市天河区××路××号××大厦××室
偏好：科技爱好者，喜欢购买最新电子产品
历史行为：曾购买最新款智能手机、智能手表等
…

AIGC随即对发送的原始客户信息进行整理，如图4-19所示。目前有些AIGC工具不支持直接生成链接的功能。但是它们可以将内容整理为表格，用户只需复制整理好的内容，将其粘贴到Excel中即可。

4.2.5 以对话形式获得公式

使用对话类人工智能工具可以将想要获得答案的问题统一发送，从而一次性获得多个数据的分析结果。下面使用智谱清言的“数据分析”功能一次性获得多个公式。本案例使用的数据模型如图4-20所示。

Step 01 上传表格并输入具体要求。打开智谱清言，切换到“数据分析”模式。在文本框中单击按钮，在展开的列表中选择“本地文件选择”选项，随后在弹出的对话框中选择要使用的Excel文件，将其上传至对话框中，并在对话框中输入文本，如图4-21所示。

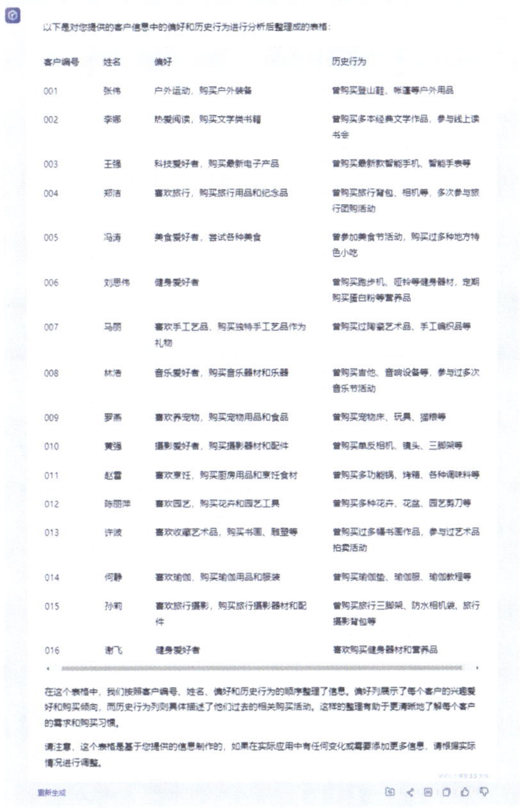

以下是对您提供的客户信息中的偏好和历史行为进行分析后整理成的表格：

客户编号	姓名	偏好	历史行为
001	张伟	户外运动，购买户外装备	曾购买登山鞋、帐篷等户外用品
002	李娜	热爱阅读，购买文学类书籍	曾购买多本经典文学作品，参与线上读书会
003	王强	科技爱好者，购买最新电子产品	曾购买最新款智能手机、智能手表等
004	郑洁	喜欢旅行，购买旅行用品和纪念品	曾购买旅行背包、相机等，多次参与旅行团购活动
005	冯涛	美食爱好者，尝试各种美食	曾参加美食节活动，购买过多种地方特色小吃
006	刘思伟	健身爱好者	曾购买跑步机、哑铃等健身器材，定期购买蛋白粉等营养品
007	马丽	喜欢手工艺品，购买独特手工艺品作为礼物	曾购买过陶瓷艺术品、手工编织品等
008	林浩	音乐爱好者，购买音乐器材和乐器	曾购买吉他、音响设备等，参与过多次音乐节活动
009	罗燕	喜欢养宠物，购买宠物用品和食品	曾购买宠物床、玩具、猫粮等
010	黄强	摄影爱好者，购买摄影器材和配件	曾购买单反相机、镜头、三脚架等
011	赵雷	喜欢烹饪，购买厨房用品和烹饪食材	曾购买多功能锅、烤箱、各种调味料等
012	陈丽萍	喜欢园艺，购买花卉和园艺工具	曾购买多种花卉、花盆、园艺剪刀等
013	许波	喜欢收藏艺术品，购买书画、雕塑等	曾购买过多幅书画作品，参与过艺术品拍卖活动
014	何静	喜欢瑜伽，购买瑜伽用品和服装	曾购买瑜伽垫、瑜伽服、瑜伽教程等
015	孙莉	喜欢旅行摄影，购买旅行摄影器材和配件	曾购买旅行三脚架、防水相机袋、旅行摄影背包等
016	谢飞	健身爱好者	喜欢购买健身器材和营养品

在这个表格中，我们按照客户编号、姓名、偏好和历史行为的顺序整理了信息。偏好列展示了每个客户的兴趣爱好和购买倾向，而历史行为列则具体描述了他们过去的相关购买活动。这样的整理有助于更清晰地了解每个客户的需求和购买习惯。

请注意，这个表格是基于您提供的信息制作的，如果在实际应用中有任何变化或需要添加更多信息，请根据实际情况进行调整。

重新生成

图4-19 用AIGC工具整理好的内容

	A	B	C
1	姓名	性别	年龄
2	赵敏	女	18
3	李霞	女	19
4	张建忠	男	26
5	刘凯	男	20
6	孙威	男	37
7	张明阳	女	19
8	李思思	女	42
9	陈海燕	女	21
10	倪晓宇	男	33
11	李敏敏	女	26
12	陈小丹	女	49
13	周旭东	男	51
14	吴芸	女	50
15	孙山地	男	21
16	马海英	男	33

图4-20　本案例使用的数据模型

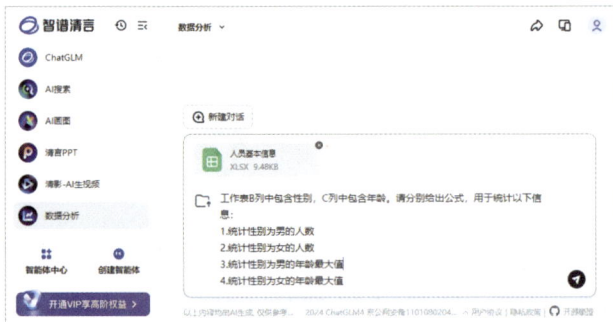

图4-21　上传表格并输入具体要求

Step 02 返回公式。发送内容后，系统经过思考分析，将逐一生成公式，如图4-22所示。

Step 03 将公式复制到Excel表格。用户只需将公式复制到Excel表格中，即可返回结果，如图4-23所示。

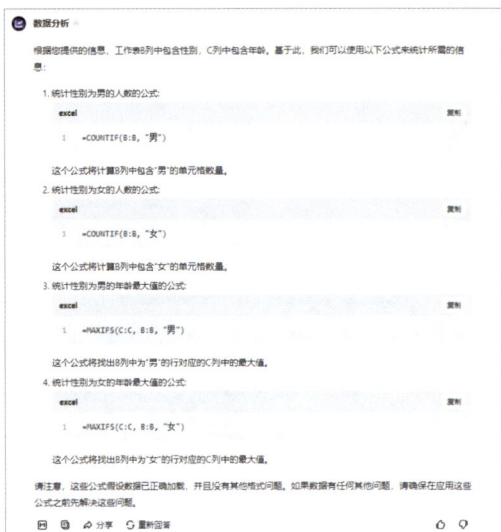

图4-22　系统返回公式

F4　=MAXIFS(C:C, B:B, "女")

	A	B	C	D	E	F
1	姓名	性别	年龄		男性人数	7
2	赵敏	女	18		女性人数	8
3	李霞	女	19		男性最大年龄	51
4	张建忠	男	26		女性最大年龄	50
5	刘凯	男	20			
6	孙威	男	37			
7	张明阳	女	19			
8	李思思	女	42			
9	陈海燕	女	21			
10	倪晓宇	男	33			
11	李敏敏	女	26			
12	陈小丹	女	49			
13	周旭东	男	51			
14	吴芸	女	50			
15	孙山地	男	21			
16	马海英	男	33			

图4-23　将公式复制到Excel表格

4.2.6 快速编写并解析公式

前文曾介绍讯飞星火可以添加各种智能体，下面通过“Excel公式编辑器”智能体帮助用户更高效地编写和理解公式。本案例使用的数据模型如图4-24所示。

Step 01 添加“Excel公式编辑器”智能体。打开讯飞星火官网，单击页面右上角的“创建智能体”按钮，随后将弹出的对话框关闭。在打开的页面中切换到“职场”分类，找到“Excel公式编辑器”模块并单击，如图4-25所示。

Step 02 发送文字描述。进入“Excel公式编辑器”会话后，编辑并发送文本“书名在B列，货架位置在D列，查询F2单元格中书名的对应销量。请为我提供一个公式，并对公式做出解释”，接着发送问题，如图4-26所示。

	A	B	C	D	E	F	G
1	序号	书名	价格	货架位置		书名	货架位置
2	1	呼兰河传	¥16.8	A3		浮生六记	
3	2	傲慢与偏见	¥19.8	A9			
4	3	人间失格	¥22.4	A4			
5	4	悲惨世界	¥23.8	A10			
6	5	瓦尔登湖	¥26.3	A2			
7	6	消失的地平线	¥28.5	A12			
8	7	浮生六记	¥30.3	A8			
9	8	爱你就像爱生命	¥33.2	A11			
10	9	幽默的生活家	¥34.5	A7			
11	10	安心即是归处	¥36.8	A1			
12	11	自在独行	¥38.6	A6			
13	12	西线无战事	¥44.5	A13			
14	13	朱自清散文集	¥98.8	A5			

图4-24　本案例使用的数据模型

图4-25　添加"Excel公式编辑器"

图4-26　发送文字描述

Step 03 返回公式以及对公式的解释。讯飞星火经过思考，将会给出公式，并对公式进行解析，如图4-27所示。当有多种解决方案时，将返回多个公式。

Step 04 将公式复制到Excel表格中。将返回的公式复制到Excel工作表的G2单元格内，即可返回查询结果，如图4-28所示。

图4-27　讯飞星火返回公式及对公式的解释

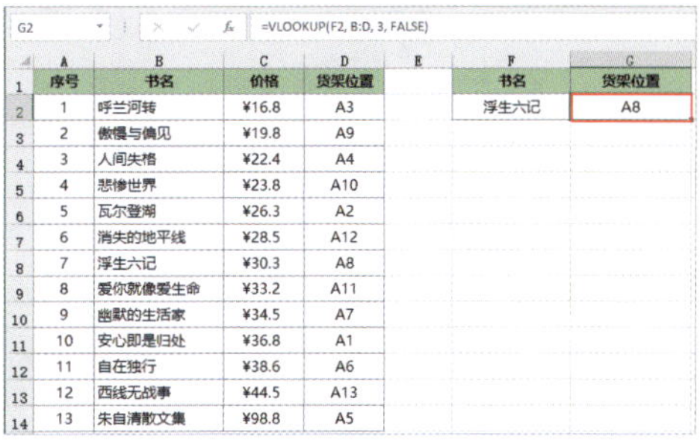

图4-28　将公式复制到Excel表格中

4.2.7　智能公式助手

WPS AI 是 WPS Office 的一个功能模块，通过智能算法和机器学习技术，为用户提供了更加智能化的办公辅助。无论是自动编写公式、智能纠错、文本自动生成还是数据分析等，WPS AI 都能够为用户提供便捷、高效的解决方案。

这里主要介绍的是WPS AI的"AI写公式"功能。它可以快速、准确地根据用户的描述编写公式，并对公式进行详细解析。用户只需输入等号并回车，即可唤起这一功能，通过输入提示词，便能够直接调用SUM、COUNT、IF等多种函数，高效实现公式的编写、计算和分析，大大提高了工作效率。

例如，需要根据表格中的"出生日期"计算年龄，可以执行以下操作。

Step 01 启动"AI写公式"。打开WPS表格，选择需要输入公式的单元格，输入等号（=），此时单元格旁边会出现 ✨ 按钮，单击该按钮，如图4-29所示。

Step 02 输入公式要求。工作表中随即显示一个浮动窗口。在该窗口中的文本框内输入"C列为出生日期，计算周岁年龄"，单击 ➤ 按钮，如图4-30所示。

Step 03 自动生成公式并查看公式的解释。浮动窗口中随即自动生成公式，单击"对公式的解释"按钮，还可以查看公式意义、函数解释、参数解释等释义内容。单击"完成"按钮，可以确认公式的录入，如图4-31所示。

Step 04 填充公式。最后可以对公式进行填充，计算出其他出生日期对应的年龄，如图4-32所示。

图4-29　启用"AI写公式"

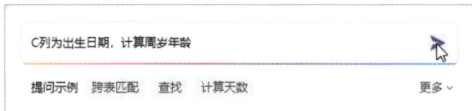

图4-30　输入公式要求

图4-31　自动生成公式并查看公式的解释

图4-32　填充公式

4.2.8　自动突出重要数据

WPS AI的"AI条件格式"功能能够自动对文档中的数据进行格式化处理，提升数据的可视性和可读性。下面以突出库存数量最低的3个单元格为例。

Step 01 执行"AI条件格式"命令。打开WPS表格，在功能区中单击"WPS AI"按钮，打开"WPS AI"窗格，单击"AI条件格式"按钮，如图4-33所示。

Step 02 发送条件格式要求。表格中随即显示"AI条件格式"窗口，在文本框中输入文字描述，单击"发送"按钮，如图4-34所示。

图4-33　执行"AI条件格式"命令

图4-34　发送条件格式要求

Step 03 自动生成条件格式。"AI条件格式"工具随即对工作表中的数据进行分析，并在窗口中显示所引用的区域，以及格式规则，用户可以根据需要对默认的格式进行修改，最后单击"完成"按钮，如图4-35所示。

Step 04 突出库存最低的三项。工作表中的目标区域随即自动添加相应样式的数据条，如图4-36所示。

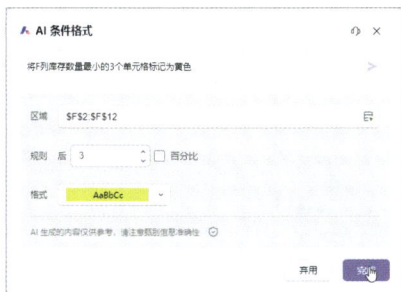

图4-35　自动生成条件格式

	A	B	C	D	E	F
1	序号	产品编码	产品名称	规格型号	存放位置	库存数量
2	1	D5110	产品A	规格1	1-1#	286
3	2	D5111	产品B	规格2	1-2#	166
4	3	D5112	产品C	规格3	1-3#	303
5	4	D5113	产品D	规格4	1-4#	486
6	5	D5114	产品E	规格5	1-5#	179
7	6	D5115	产品F	规格6	1-6#	173
8	7	D5116	产品G	规格7	1-7#	183
9	8	D5117	产品H	规格8	1-8#	408
10	9	D5118	产品I	规格9	1-9#	165
11	10	D5119	产品J	规格10	1-10#	277
12	11	D5120	产品K	规格11	1-11#	273
13						

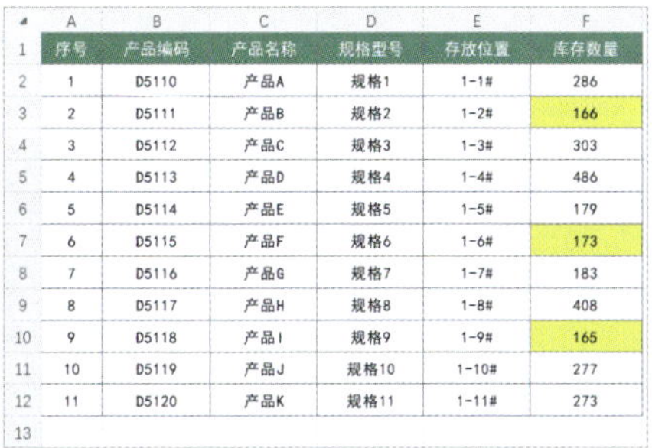

图4-36　突出库存最低的三项产品

4.3 AIGC智能演示文稿

目前很多AIGC工具具备生成和处理PPT的功能，能够自动化生成高质量的内容布局、智能匹配图文素材、快速优化文字排版及风格，同时提供实时语音转文字、翻译等辅助功能，显著提升了制作效率与专业度，使演示更加生动、精准且富有吸引力。

4.3.1 智能生成演示文稿

WPS AI具有智能创作功能，支持一键生成幻灯片。用户输入幻灯片主题或上传已有文档，可以自动生成包含大纲和完整内容的演示文稿，同时提供多种模板、配色方案和字体选择，以及扩写、改写等辅助功能，极大提高了演示文稿的制作效率和质量。WPS AI会根据用户输入的主题先生成一份完整的大纲，然后选择合适的模板创建演示文稿。下面介绍具体操作方法。

Step 01 开始智能创作。启动WPS Office，在首页中单击“新建”按钮，在展开的菜单中选择“演示”选项。在打开的“新建演示文稿”页面中单击“智能创作”按钮，如图4-37所示。

Step 02 输入要生成的幻灯片主题。系统随即新建一份演示文稿，并弹出WPS AI窗口，输入主题“《月亮与六便士》图书分享”，单击“生成大纲”按钮，如图4-38所示。

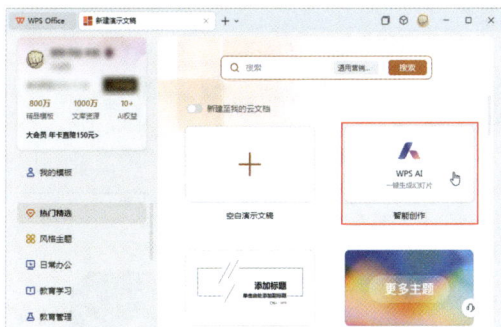

图4-37　开始智能创作

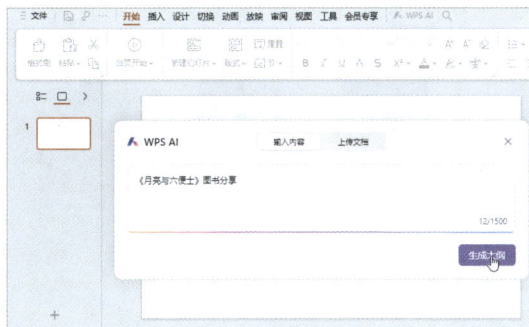

图4-38　输入要生成的幻灯片主题

Step 03 自动生成大纲。WPS AI随即自动生成一份大纲，用户可以单击窗口右上角的“收起正文”或“展开正文”按钮，收起或展开大纲，以便对大纲的详情和结构进行浏览，如图4-39、图4-40所示。最后单击“生成幻灯片”按钮。

Step 04 根据模板创建幻灯片。随后打开的窗口中会提供大量幻灯片模板，在窗口右侧选择一个合适的模板，单击“创建幻灯片”按钮，如图4-41所示。

Step 05 自动生成演示文稿。WPS AI随即根据所选模板以及大纲内容自动生成一份完整的演示文稿，如图4-42所示。

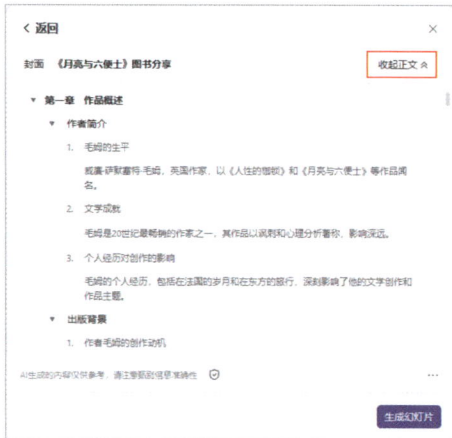

图4-39 展开大纲

图4-40 收起大纲

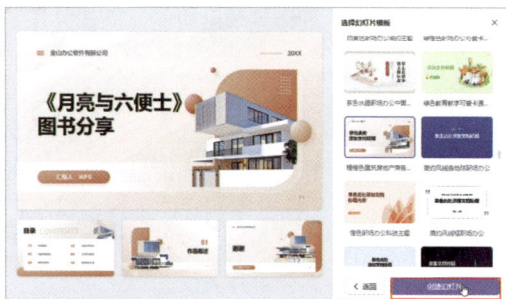

图4-41 幻灯片模板

图4-42 自动生成演示文稿

Step 06 浏览幻灯片。通过浏览幻灯片内容可以发现，WPS AI自动生成的幻灯片不仅可以自动排版和美化，还会根据文字内容自动生成合适的配图，如图4-43所示。

图4-43 幻灯片内容展示

4.3.2　对话式创建演示文稿

一些常见的生成式对话类AIGC工具也可以自动生成PPT，例如，讯飞星火、智谱清言等。用户只需要以对话的形式发送要生成的主题内容，便可自动生成一份完整的PPT。下面以讯飞星火大模型进行演示。

Step 01 发送主题内容。打开讯飞星火网页，在左侧导航栏中选择"PPT生成"，进入PPT生成对话模式，在文本框中输入PPT的主题内容，在"PPT模板"区域选择一个合适的模板，随后发送内容，如图4-44所示。

Step 02 生成PPT大纲。讯飞星火随即根据用户发送的文字，生成一份初步的幻灯片大纲。用户可以单击"编辑"按钮对大纲进行修改或完善。若要直接生成PPT，则单击"一键生成PPT"按钮，如图4-45所示。

图4-44　发送主题内容

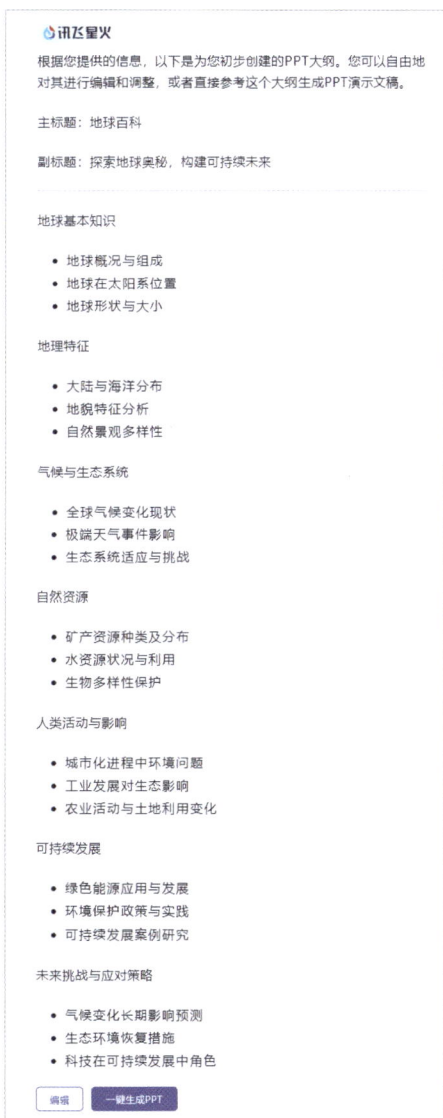

图4-45　生成PPT大纲

Step 03 生成PPT。讯飞星火经过对大纲进行分析、提取和总结，以网页形式自动生成一份相应主题的PPT。用户可以对幻灯片进行进一步编辑，最后单击页面右上角的"下载"按钮可以下载幻灯片，如图4-46所示。

图4-46　生成PPT

Step 04 浏览PPT页面。自动生成的PPT可以根据文字内容生成合适的配图，并对图片、文字、图形等进行排版，还可以生成各种PPT常用的流程图，效果如图4-47所示。

图4-47　PPT页面展示

4.4　知识拓展——使用AIGC自动生成演讲稿

假设用户需要制作一份以"企业数字化转型"为主题的演讲稿，但是缺乏文字撰写方面的才能，此时可以尝试使用人工智能工具解决这一棘手问题。

首先需要选择一款擅长文字处理的AIGC工具，然后罗列演讲稿的主题和关键信息，将这些信息编辑成文字内容并发送。提问中应包含的关键信息如下。

（1）演讲主题。请明确指出希望演讲稿涵盖的主题或核心议题。例如，关于环保的重要性、新能源未来的发展方向等。

（2）演讲目的。阐述希望通过这次演讲达到什么目的，是为了启发听众、传递信息、说服他人，还是庆祝某个事件？例如："我希望通过这次演讲提高听众对气候变化的认识，并鼓励他们采取环保行动。"

（3）听众群体。描述目标听众是谁，包括他们的年龄、性别、职业背景、兴趣点等。这有助于定制适合他们的语言风格和内容深度。例如，"我的听众主要是大学生，他们对可持续发展和科技创新感兴趣。"

（4）演讲时长。说明演讲预计的持续时间，如5分钟、10分钟、半小时或更长时间。这将影响内容的详细程度和结构安排。

（5）演讲风格与语气。描述希望的演讲风格，是正式、幽默、激励性的，还是其他类型。同时，说明希望的语气是严肃、亲切，还是鼓舞人心的。例如，"我希望演讲风格正式而鼓舞人心，语气坚定且充满希望。"

（6）关键信息或要点。列出希望在演讲中强调的关键信息或要点。这些可以是数据、事实、故事、观点或建议等。确保提供足够的信息，以便AI能够围绕这些要点构建内容。

（7）引用或案例。如果希望在演讲中引用特定的名言、数据、案例或研究，请提供相关信息。这将增强演讲的说服力和可信度。

（8）结尾呼吁。描述希望在演讲结尾时向听众发出的呼吁或行动倡议。例如，"我希望听众能够加入我们的环保组织，共同为保护地球做出贡献。"

（9）附加要求。如果有其他特殊要求，如使用特定的演讲技巧、融入个人经历、避免某些话题等，请详细说明。

下面进行演示。

示例：请帮我生成一份以"企业数字化转型的策略"为主题的演讲稿。以下是详细的要求：

（1）演讲主题：企业数字化转型的策略。

（2）演讲目的：我希望通过这次演讲，让听众了解企业数字化转型的重要性，掌握实施数字化转型的关键策略，并激发他们采取实际行动来推动各自企业的转型。

（3）听众群体：我的目标听众主要是企业中高层管理人员、IT部门负责人以及对数字化转型感兴趣的创业者。他们对企业运营、技术创新和管理策略有深入了解，并对如何提升竞争力感兴趣。

（4）演讲时长：预计演讲时长为30分钟。

（5）演讲风格与语气：我希望演讲风格正式而专业，语气坚定且鼓舞人心。同时，希望能够结合具体案例和数据来增强说服力。

（6）关键信息或要点：

- 数字化转型的定义和重要性；
- 当前企业数字化转型面临的挑战；
- 实施数字化转型的关键策略（如数据驱动决策、云计算技术应用、人工智能与自动化等）；
- 成功案例分享和启示；
- 未来数字化转型的趋势和展望。

（7）引用或案例：请结合全球或国内知名企业数字化转型的成功案例，如阿里巴巴、华为等，来阐述转型策略和成效。

（8）结尾呼吁：我希望在演讲结尾时，向听众发出呼吁，鼓励他们积极参与和推动企业数字化转型，共同迎接未来的挑战和机遇。

（9）附加要求：请确保演讲稿内容新颖、结构清晰，并适当融入个人见解和思考。同时，请避免使用过于复杂或晦涩的术语，以确保听众能够轻松理解。

AIGC生成内容如下。

企业数字化转型的策略——深度探索与实践

尊敬的各位企业领导、IT部门负责人及创业者们：

在这个瞬息万变的时代，我们正处在一个前所未有的变革期。数字化浪潮正以前所未有的速度和规模席卷全球，改变着每一个行业、每一个企业，乃至每一个人的生活方式。今天，我非常荣幸能在这里与大家共同探讨一个对企业未来发展至关重要的议题——企业数字化转型的策略。这不仅是一次知识的分享，更是一次思想的碰撞，一次对未来的探索。

一、数字化转型：时代的呼唤与企业的选择

（一）数字化转型的定义与内涵

数字化转型，是指企业利用数字技术全面重塑其业务模式、运营流程、组织架构和企业文化，以提升企业的竞争力、创新力和可持续发展能力。它不仅仅是技术的升级，更是企业战略思维、组织文化和运营模式的深刻变革。数字化转型的核心在于将数据作为企业的核心资产，通过数据驱动决策，实现业务的智能化和自动化。

（二）数字化转型的重要性

在全球化竞争日益激烈的今天，数字化转型已成为企业持续成长和保持竞争力的关键。它能够帮助企业更好地应对市场变化，提升运营效率，优化客户体验，创新业务模式，从而赢得更多的市场份额和利润空间。同时，数字化转型也是企业实现可持续发展和履行社会责任的重要途径。

二、当前企业数字化转型面临的挑战与困境

尽管数字化转型的重要性不言而喻，但在实际操作中，企业仍面临诸多挑战和困境。这些挑战不仅来自技术层面，更涉及组织、文化、人才等多个方面。

（一）技术更新迅速，难以跟上步伐

数字化技术的快速发展和迭代，使得企业难以跟上其步伐。新的技术不断涌现，旧的技术又很快被淘汰。这就要求企业必须时刻保持对新技术的学习和掌握，否则很容易被市场淘汰。

（二）组织内部阻力大，变革意愿不足

数字化转型往往伴随着组织结构的调整、业务流程的优化和人员角色的转变。这些变化往往会引起员工的抵触和不安，导致转型过程中遇到各种阻力和障碍。同时，一些企业高层对数字化转型的认识不足，缺乏变革的勇气和决心，也使得转型难以顺利推进。

（三）数据安全与隐私保护问题

在数字化转型过程中，企业需要收集、存储和处理大量的数据。这些数据不仅涉及企业的商业秘密，还涉及客户的隐私信息。如何确保数据的安全和隐私保护，防止数据泄露和滥用，是企业面临的重要挑战。

（四）转型投入大，回报周期长

数字化转型需要投入大量的资金、人力和时间。然而，由于转型过程复杂且漫长，回报周期往往较长。这使得一些企业在转型初期面临较大的财务压力和不确定性，从而影响了转型积极性和动力。

三、实施数字化转型的关键策略与路径

面对挑战和困境，我们需要采取一系列关键策略来推动企业的数字化转型。这些策略不仅涉及技术层面，还涉及组织、文化、人才等多个方面。

（一）数据驱动决策：构建数据治理体系

数据是企业数字化转型的核心资产。要发挥数据的价值，首先需要构建完善的数据治理体系。这包括数据的收集、存储、处理、分析和应用等各个环节。企业需要明确数据的权属、责任和使用规则，确保数据的准确性、完整性和安全性。同时，企业还需要培养数据思维，将数据作为决策的重要依据，推动业务的智能化和自动化。

（二）云计算技术应用：提升业务敏捷性

云计算技术提供了灵活、高效、可扩展的IT基础设施，能够帮助企业快速响应市场变化，提升业务敏捷性。企业可以通过云计算平台实现资源的按需分配和弹性扩展，降低IT成本，提升运营效率。同时，云计算平台还能够提供丰富的应用和服务，满足企业多样化的业务需求。

（三）人工智能与自动化：优化业务流程

人工智能和自动化技术能够大幅提升企业的生产效率和创新能力。通过引入智能机器人、自动化生产线等智能设备，企业可以实现生产过程的自动化和智能化，提高生产效率和产品质量。同时，人工智能还可以应用于客户服务、市场营销等领域，实现业务流程的优化和智能化。

（四）客户体验优化：构建数字化生态系统

在数字化转型过程中，企业需要更加注重客户体验的优化。通过构建数字化生态系统，企业可以提供更加个性化、便捷的服务体验，增强客户的黏性和忠诚度。这包括建立客户画像、实现精准营销、提供智能客服等。同时，企业还需要与合作伙伴、供应商等利益相关者建立紧密的合作关系，共同打造数字化生态系统，实现共赢发展。

（五）组织变革与人才培养：激发创新活力

数字化转型不仅需要技术的支持，还需要组织的变革和人才的培养。企业需要打破传统的组织结构和业务流程，建立更加灵活、高效的组织模式。同时，企业还需要注重人才的培养和引进，培养具备数字化思维和创新能力的人才队伍。通过组织变革和人才培养，企业可以激发创新活力，推动数字化转型的深入发展。

四、成功案例分享与启示

让我们来看看全球和国内知名企业是如何成功实现数字化转型的，并从中汲取经验和启示。

（一）阿里巴巴：构建数字商业生态

作为中国电商巨头，阿里巴巴通过构建强大的云计算平台和大数据分析能力，不仅提升了自身的运营效率，还推动了整个零售行业的数字化升级。阿里巴巴通过整合线上线下资源，打造了数字化商业生态系统，实现了业务的快速增长和市场份额的扩大。同时，阿里巴巴还注重技术创新和人才培养，不断推动数字化转型的深入发展。

（二）华为：数字化转型引领创新

华为在数字化转型中，注重技术创新与业务需求的紧密结合。通过引入云计算、人工智能等先进技术，华为实现了业务的智能化和自动化。同时，华为还注重组织变革和人才培养，建立了灵活高效的组织模式和具备数字化思维的人才队伍。这使得华为在数字化转型中保持了领先地位，并不断创新和突破。

（三）其他成功案例：数字化转型的多样实践

除了阿里巴巴和华为，还有许多其他企业也在数字化转型中取得了显著成效。例如，美的集团通过引入智能制造和智能物流等技术，实现了生产效率和产品质量的大幅提升；海尔集团通过构建数字化生态系统，实现了业务的快速增长和市场份额的扩大；京东集团则通过打造数字化供应链和智能物流体系，提升了运营效率和客户满意度。这些成功案例都为我们提供了宝贵的经验和启示。

五、未来数字化转型的趋势与展望

未来，数字化转型将呈现更加深入、广泛和融合的趋势。随着5G、物联网、区块链等新技术的不断发展，企业将拥有更多元化的数字化转型工具和手段。同时，数字化转型也将更加注重可持续发展和社会责任，推动企业与社会的和谐共生。

（一）新技术驱动：5G、物联网、区块链等技术的融合应用

5G、物联网、区块链等新技术的快速发展和融合应用，将为企业数字化转型提供更加丰富的工具和手段。这些技术将推动企业的数字化转型向更高层次、更广领域拓展，实现更加智

能化、自动化和高效化的运营。

（二）可持续发展与社会责任：数字化转型的新方向

在数字化转型过程中，企业需要更加注重可持续发展和社会责任。通过数字化手段优化资源利用、减少环境污染、提升产品质量和服务水平等方式，企业可以实现经济效益和社会效益的双赢。同时，企业还需要积极参与社会公益事业，履行社会责任，推动社会的和谐共生。

六、行动呼吁：携手并进，共创未来

最后，我想向在座的各位发出呼吁：让我们携手并进，积极参与和推动企业数字化转型。不要害怕变革带来的挑战和不确定性，因为正是这些挑战和不确定性孕育着新的机遇和可能。让我们以坚定的信念、创新的思维和务实的行动，共同迎接未来的挑战和机遇。让我们共同努力，推动企业数字化转型的深入发展，为实现企业的可持续发展和社会的繁荣进步贡献我们的智慧和力量！

谢谢大家！希望今天的分享能为大家带来启发和动力，让我们一起在数字化转型的道路上越走越远！

为了辅助演讲，还可以将演讲稿制作成PPT。将生成的演讲稿内容复制到Word文档中，然后将该文档上传至能够自动生成PPT的AI大模型。选择一个PPT模板，单击"上传参考文档"按钮，将Word文档上传至对话框中，随后输入"生成PPT大纲"并发送，如图4-48所示。

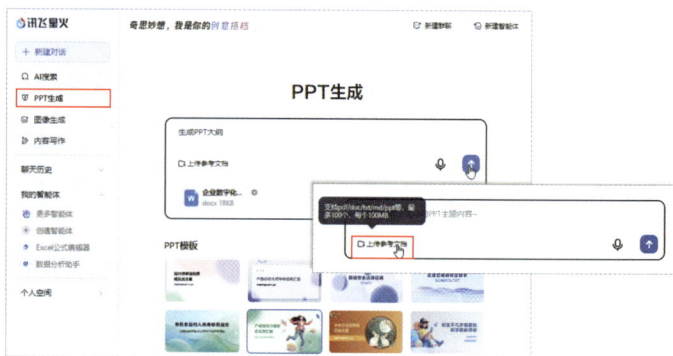

图4-48　上传Word文档、输入要求并发送

接着参照4.3.2小节，自动生成一份PPT。生成的PPT中部分幻灯片的效果如图4-49所示。

图4-49　幻灯片效果展示

第 **5** 章

AIGC
图像处理

AIGC图像处理是人工智能的一个重要分支，涵盖了从图像识别、分析到生成和编辑的全过程。在绘画领域，它展现出了非凡的创造力，不仅为艺术家们带来了全新的创作灵感和工具，还为普通人开辟了接触和欣赏艺术的新途径。本章将介绍AIGC在图像设计领域的应用，为用户提供智能化、高效率的视觉内容生成工具。

5.1 了解人工智能绘画

在数字化时代，艺术与科技的融合已经成为一种不可忽视的趋势。随着人工智能技术的飞速发展，AIGC绘画作为这一融合趋势的杰出代表，正逐渐改变人们对艺术创作和欣赏的传统认知。

5.1.1 AIGC绘画概述

AIGC绘画是指通过人工智能技术，将文本、草图或风格参考等输入信息自动转化为视觉艺术作品的新型创作方式，是人工智能在艺术领域的一种应用。它能从海量的数据中学习并掌握各种艺术风格、构图技巧以及色彩运用，进而创造出具有独特风格的艺术作品，如图5-1所示。AIGC绘画不局限于复刻现有风格，还能创新性地生成图像，为艺术家提供新的灵感和创作素材，如图5-2所示。

图5-1 风格独特的作品　　　图5-2 创新性生成图像

AIGC绘画的特点主要体现在以下几个方面。

● 高效性。AIGC绘画凭借其强大的计算能力和高效的算法，能在极短时间内生成大量作品，显著提升了创作效率，使艺术家们得以迅速探索多样化的创作风格和主题。

● 多样性。AIGC绘画能够模拟多种艺术风格，从古典主义到现代抽象艺术，甚至还能创造出全新的艺术风格。这种多样性使得艺术家们能够在不同的风格之间自由切换，创作出更加多样化的作品。

● 创新性。AIGC绘画不仅能模仿和复制传统艺术作品，还能为艺术家们提供新的创作灵感和思路。通过算法的优化和迭代，不断推陈出新，创作出具有独特艺术价值的作品。

● 易用性。AIGC绘画平台通常具备直观的界面和便捷工具，使非专业艺术家也能轻松尝试并享受创作的乐趣。用户可以通过简单的输入或指导，生成符合自己需求的艺术作品。

● 个性化。AIGC绘画能够根据用户的喜好、需求和情感来定制作品，满足用户的个性化需求，为艺术创作领域带来了广泛的应用前景。其适用于个性化艺术品定制、数字娱乐等多个方面。

5.1.2 AIGC绘画应用领域

AIGC绘画的应用范围极为广泛，随着技术的持续发展和应用场景的扩展，它将在众多领域扮演关键角色。下面对部分领域进行介绍。

1. 应用领域一：艺术创作

AIGC绘画在艺术创作领域的应用日益广泛，正在逐步改变传统艺术创作的方式。利用深度学习和神经网络等先进技术，它不仅能模仿从古典绘画到现代抽象艺术的多种风格，还能创造出前所未有的艺术形式和作品。这项技术的革新，让艺术创作不再局限于人类艺术家的范畴，而是演变成了一种人与机器协同合作的过程。艺术家们可以借助AIGC绘画进行风格迁移，也就是将一种艺术风格应用到另一幅作品上。

示例：在AIGC平台上传一张风景照，如图5-3所示。

输入关键词：将该图转换为梵高的印象派风格，-ar 4:3
AIGC处理并生成转换后的图像，如图5-4所示。

图5-3 风景照片　　　　　　　　　图5-4 AIGC处理并生成转换后的图像

这样的操作不仅帮助艺术家探索不同的艺术风格，还能激发他们的创造力，促使他们打破传统的艺术表达框架。

2. 应用领域二：设计与广告

AIGC绘画在设计与广告领域的应用日益广泛，为这两个传统行业带来了前所未有的创新和变革，下面对其进行简单分析。

（1）设计领域

在设计领域，AIGC绘画技术的广泛应用正深刻改变着传统设计流程，特别是在平面设计、UI设计和包装设计等领域。以包装设计为例，这项技术的介入极大提升了设计过程的效率和精准度，具体体现在以下几个方面。

● 设计概念生成。设计师可以输入产品特性、品牌理念和市场定位等关键信息，AIGC绘画技术能够基于这些数据快速生成多个初步设计概念，为设计师提供丰富的灵感来源和多样化的设计方向。

● 视觉元素创作。AIGC能够根据设计概念自动生成字体样式、图案设计、色彩搭配等视觉元素。图5-5、图5-6所示分别为不同风格用于苹果包装的图案效果。设计师可以灵活选择和调整这些生成的元素，快速构建出符合品牌调性和市场需求的设计方案。

图5-5 苹果包装图案（1）　　　　　　图5-6 苹果包装图案（2）

● 消费者偏好分析。通过分析消费者的购买行为和反馈，AIGC可以帮助设计师了解目标市场的偏好，从而设计出更符合消费者喜好的包装。

● 虚拟原型测试。AIGC可以创建包装设计的虚拟原型，并在不同的虚拟环境中测试其视觉效果和用户体验，从而在投入生产前优化设计。

● 个性化包装设计。AIGC使得大规模个性化包装成为可能，可以根据消费者的个人喜好定制包装设计，提升产品的个性化和差异化。

● 成本和可持续性评估。AIGC可以帮助设计师评估包装设计的生产成本和环境影响，推荐更经济、更环保的材料和工艺。

（2）广告领域

在广告领域，AIGC绘画技术的应用同样不可忽视，其独特的优势正在逐步改变广告创作的面貌，具体体现在以下几个方面。

● 创意生成。AIGC不仅可以根据品牌定位和市场趋势生成创意广告文案，还能结合最新的视觉设计趋势和受众喜好，自动生成吸引人的视觉效果。这种智能化的创意生成方式，极大地拓宽了广告设计师的创作思路，帮助他们快速构思和实现富有创意的广告方案。

● 受众分析与定位。通过深度挖掘和分析社交媒体数据、用户行为记录以及消费习惯等信息，AIGC能够精准识别目标受众的兴趣点、偏好以及潜在需求。这为广告内容的定制提供了强有力的数据支持，确保广告能够精准触达目标受众，提高广告的针对性和有效性。

● 图像和视频生成。借助先进的AIGC绘画技术，能够生成高质量、高分辨率的图像和视频素材。这些素材不仅具有高度的创意性和多样性，还能有效减少设计师的工作量，提高广告制作的效率和质量。例如，利用AIGC绘画技术，可以快速绘制复古赛博朋克风格的广告视频场景。图5-7所示为构建的复杂场景（赛博风格、废弃工厂），图5-8所示为符合该场景的角色设计（赛博风格女战士）。

图5-7 构建的复杂场景

图5-8 赛博风格女战士

● 动态内容优化。AIGC具备实时分析广告表现的能力，能够根据广告的点击率、转化率等关键指标，自动调整广告内容和投放策略。这种动态优化的机制，使得广告能够持续适应市场变化和受众需求，提高广告的吸引力和转化率。

● 品牌一致性维护。AIGC通过监测和分析不同广告渠道上的品牌表现，能够及时发现并纠正品牌形象的不一致之处。这有助于维护品牌形象的统一性和连贯性，增强品牌的市场竞争力和消费者认知度。

● 效果预测与分析。AIGC具备强大的数据分析能力，能够通过挖掘和分析历史广告数据，预测未来广告活动的效果。这种预测能力为广告主提供了科学的决策依据，帮助他们更加精准地制定广告预算、投放策略，并评估广告效果。

3. 应用领域三：游戏开发

AIGC绘画技术在游戏开发领域具有广泛的应用前景。借助这项技术，游戏开发者能够迅速生成包括游戏角色、场景和道具在内的多种核心游戏元素，极大地提升了开发效率。传统的游戏开发过程通常需要艺术家手动设计和绘制每一个角色和场景，而AIGC绘画技术的引入使得这一过程变得更加高效和灵活。通过输入一些基本的设计参数能够生成多样化的角色外观、场景布局和道具设计，帮助开发团队在短时间内探索更多创意选项。

在角色设计方面，AIGC可以根据开发者的需求生成具有不同种族、性别、年龄、职业等特征的角色形象，并且还能根据角色的性格和背景故事为其设计独特的服装和配饰。图5-9所示为江湖中的女侠形象。

在场景设计方面，系统能够根据游戏的世界观和剧情需求，快速生成出风格各异、氛围浓厚的场景布局，如神秘的森林、古老村庄、险峻山崖等。图5-10所示为险峻山崖场景。

图5-9　江湖中的女侠形象

图5-10　险峻山崖场景

AIGC的作用不局限于初期设计阶段，它还能根据玩家的行为和偏好实时生成新的游戏内容。这不仅增强了玩家的参与感和沉浸感，还延长了游戏的生命周期，提高了玩家的忠诚度。此外，这项技术还可以用于提升游戏的视觉效果，增强整体品质。通过深度学习技术，能够对现有游戏图像进行处理和优化，提高图像的分辨率和细节表现，使游戏画面更加细腻和逼真。

4. 应用领域四：时尚与电商

AIGC绘画技术在时尚与电商领域的应用日益广泛，极大地改变了设计、展示和销售的方式。以下是该技术在这两个领域的主要应用。

（1）时尚领域

在时尚领域，设计师可以利用AIGC生成独特的服装图案和配色方案，快速探索多样化的设计选项。这项技术不仅加速了创作过程，还激发了设计师的灵感，使他们能够更大胆地尝试新风格和新元素。通过输入一些基本的设计理念或趋势，生成多种风格的图案，从而帮助设计师找到最符合市场需求的创意。

在服装图案方面，AIGC可以根据设计师提供的关键词，如"复古波普"或"未来主义"，自动创造出一系列具有相应风格的图案设计。图5-11所示为复古波普风格图案。在配色方案方面，系统能够分析当前流行色和季节趋势，为设计师提供一系列和谐的配色建议。图5-12所示为春季系列设计的配色方案。

图5-11　复古波普风格图案

图5-12　春季系列设计的配色方案

此外，该技术的应用不局限于设计阶段，它还能依据最新的流行趋势和消费者偏好，提供个性化的服装推荐和搭配建议。这种定制化的推荐服务不仅提升了购物体验，还增强了消费者对品牌的忠诚度，因为他们可以轻松找到与自己风格和需求相匹配的服装。通过分析消费者的购买记录、浏览行为和社交媒体活动，系统能够为每位消费者打造专属推荐，提供最贴切的产品选项。

（2）电商领域

在电商领域，AIGC绘画技术被广泛应用于商品展示图的生成与优化，帮助商家提升商品的视觉吸引力。随着在线购物的普及，消费者对视觉效果的要求日益提高，系统生成的展示图恰好满足了这一需求。

以家居装饰品为例，AIGC可以创建出多种室内设计场景，将商品如窗帘、沙发或灯具等置于不同的房间布局。还能根据商家需求和消费者的偏好，迅速生成多种风格的展示图，以适应不同市场和细分群体的需求。例如，针对年轻消费者，可能会生成更加时尚、前卫的设计，如图5-13所示；而针对家庭用户，则尽可能选择温馨、舒适的色调，如图5-14所示。这种个性化的定制服务不仅提升了商品的竞争力，还为商家带来了更多的商业机会与利润空间。

图5-13 针对年轻消费者的室内场景设计
       效果图

图5-14 家庭室内设计效果图

这些应用不仅为商家节省了传统摄影与图像处理的时间和成本，还带来了更多创意与灵活性。更重要的是，系统生成的展示图显著提升了用户的购物体验与商品的转化率。通过更生动、真实的视觉展示，消费者在浏览商品时能够获得更强的沉浸感，从而提高购买的可能性。

5. 应用领域五：社交网络与内容创作

AIGC绘画技术为社交网络用户提供了丰富多样的创作工具，极大地丰富了用户的创作体验和社交互动。利用这些工具，用户可以轻松进行个性化娱乐创作，制作有趣的图片和视频，并在各大社交平台上分享，吸引朋友和关注者的注意。

在醒图软件中，用户可以通过上传照片，选择喜欢的风格或滤镜，或使用AI模板，快速将照片转化为具有艺术感的效果，如图5-15、图5-16所示。此外，这项技术还可以用于生成有趣的短视频和动画效果，为社交网络增添更多趣味性和互动性。用户可以利用AIGC生成的动画效果，将静态图片转化为生动的动态内容，或添加特效和滤镜，使其更吸引人。这种创新的内容形式不仅提升了用户的创作乐趣，还鼓励更多的人参与到内容创作中来，形成良好的社交互动氛围。

图5-15 原照片

图5-16 转换后的照片效果

5.1.3　AIGC绘画的发展趋势　🔍

随着机器学习技术和算法的不断优化，AIGC绘画的生成能力日益增强。这一领域的迅猛发展不仅改变了艺术创作的方式，还为科技与艺术的融合提供了新的视角。其发展趋势可以从以下三个方面进行深入探讨。

1. 技术进步与创新

AIGC绘画背后的技术持续演进，已从早期基于规则的方法转向更复杂的深度学习模型。这些模型不仅能够理解和模仿不同风格的艺术作品，还能创造全新的视觉表达形式。随着计算资源的增加和算法效率的提高，绘画的速度和质量均得到了显著提升。此外，生成对抗网络和变分自编码器等技术的应用，将使AIGC生成的绘画作品更加逼真和富有创意。

2. 应用领域的扩展

AIGC绘画的应用领域正在迅速扩展。从最初的视觉艺术创作，到如今的广告设计、产品设计、室内设计、建筑设计等多个领域，它都展现出强大的应用潜力。未来，随着技术的进一步发展，AIGC有望在更多领域发挥重要作用，为人类创造更加丰富多彩的艺术体验和实用功能。

3. 社会影响与文化交融

AIGC绘画促进了全球艺术家之间的交流与合作，跨越了地理界限，形成了一个更为开放的艺术社区。这一现象引发了关于艺术本质的新思考：在人机协作的时代，什么是真正的原创性、机器是否具备某种形式的独立创造力等。

AIGC绘画还可能改变公众对艺术的认知和欣赏方式，使更多人有机会接触到不同类型的艺术表现形式，从而促进文化的多样性和包容性。

5.2　即梦AI的使用

即梦AI作为剪映旗下的生成式人工智能创作平台，支持用户通过自然语言描述及图片输入，轻松生成高品质的图像与视频内容。

5.2.1　进入即梦AI　🔍

即梦AI具备强大的语义理解能力，能够准确把握用户需求，将抽象的思路转化为视觉作品，因此，其可以广泛应用于各种创意创作场景，包括广告制作、动画制作、短视频创作以及社交媒体内容生成等。该软件同时支持Web和移动平台，用户可以根据自身需求和喜好选择合适的平台进行创作。

- Web平台：在搜索平台中输入"即梦AI"并搜索，显示其官网链接，单击即可进入官网。
- 移动平台：在"应用市场"或"App Store"中搜索，显示该软件。单击"安装"按钮即可下载安装并应用。

下面以Web平台为例来介绍即梦AI访问并登录流程。

Step 01　访问即梦AI官网并登录。首先在Web平台单击即梦AI官网链接，进入官网界面。在该界面中勾选隐私协议后，单击"登录"按钮，如图5-17所示。

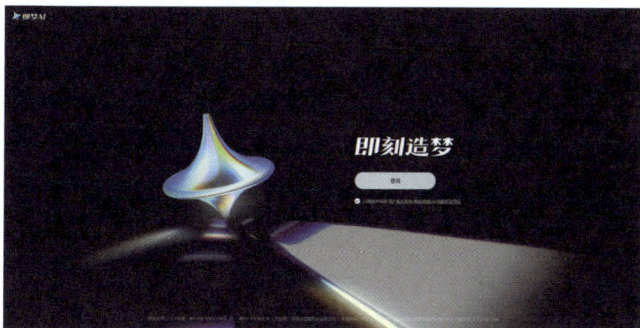

图5-17　即梦AI官网界面

Step 02 选择登录方式。进入登录界面后，有两种登录方式可选。一是通过抖音App扫码直接登录，二是使用手机号接收验证码进行授权登录。图5-18所示为使用手机号和验证码登录的界面。

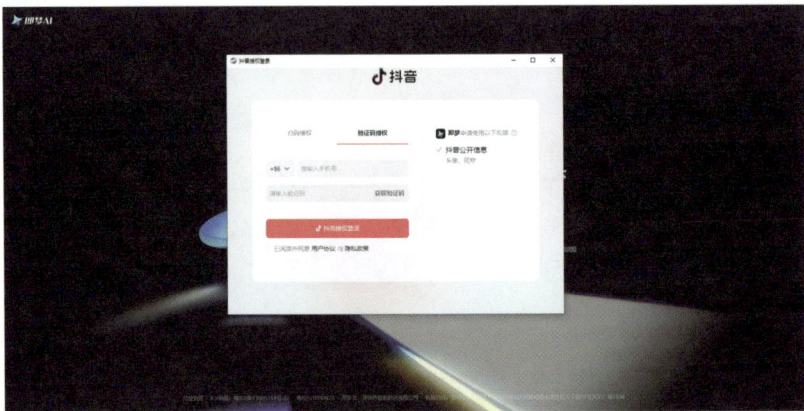

图5-18 登录界面

Step 03 个性化信息设置。成功授权后，系统将引导用户进入个性化设置页面。图5-19和图5-20所示分别为身份设置和内容选择界面。

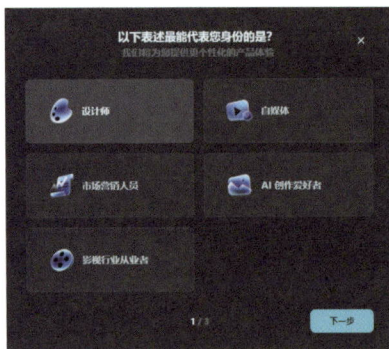

图5-19 身份设置界面

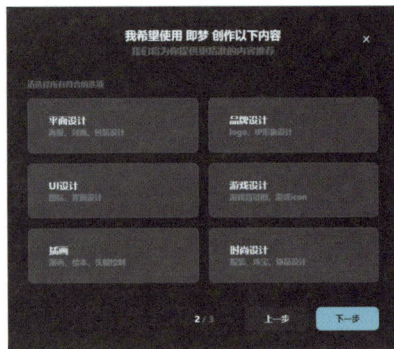

图5-20 内容选择界面

Step 04 完成设置后，即可进入即梦AI首页。该界面采用了清晰直观的布局设计，用户可以轻松浏览和访问各项功能，如图5-21所示。

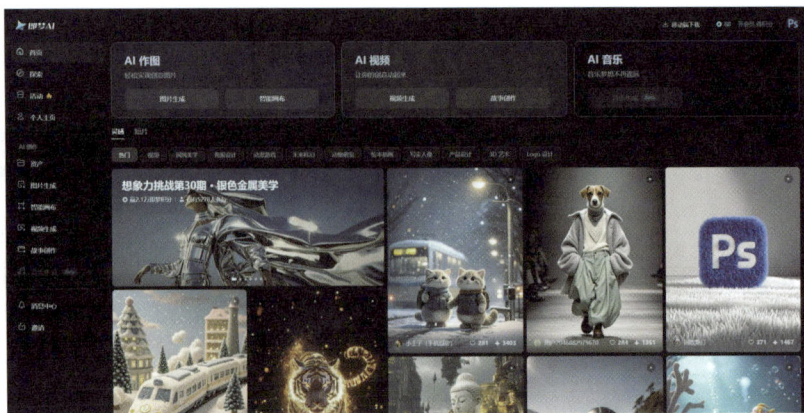

图5-21 即梦AI首页

5.2.2　以文生图

以文生图（Text-to-Image Generation）又称文本到图像的生成技术，是人工智能领域的一项重要创新。它结合了自然语言处理和计算机视觉两大前沿技术，实现了从文字描述到图像生成的跨越。简单来说，用户只需输入一段描述性的文本，AIGC就能够根据这段文本生成与之相对应的图像。

1. 生成过程

这个过程通常包括以下几个步骤。

Step 01 文本解析。模型首先分析输入的文本，提取出其中的重要信息和上下文。这一步骤是理解文本意图和关键元素（如主体、动作、场景等）的基础。

Step 02 特征映射。提取出文本信息后，AIGC将这些信息映射到视觉特征上。这一映射过程形成了图像生成的基础，确保生成的图像与文本描述保持高度一致。

Step 03 图像生成。最后，AIGC使用生成模型创造出最终的图像。这些模型通过不断学习和优化，能够生成高质量、逼真的图像。

2. 文本描述（关键词）结构

为了更好地指导AIGC进行图像生成，用户可使用以下公式和结构来输入图片内容。

关键词=【主体】（外观/特征描述）+【动作/状态】+【场景/背景】+【风格/氛围】。

3. 以文生图实操

（1）使用完整的提示词

Step 01 输入文字描述信息。在即梦AI作图功能区域中单击"图片生成"按钮，进入"AI作图"界面，在左上角的文本框中输入想要生成的图片的文字描述。以下为具体文本描述内容。

主体：一位勇敢的少年探险家（身着迷彩服，头戴探险帽，手持指南针）。

动作/状态：正小心翼翼地穿梭在茂密的森林中，寻找着传说中的神秘宝藏。

场景/背景：阳光透过密集的树冠，斑驳地照在青苔覆盖的地面上，周围是各种奇异的植物和偶尔传来的小动物叫声。

风格/氛围：神秘、奇幻，充满未知与探索的激情。

Step 02 生成图像。单击界面下方的"立即生成"按钮，系统将根据描述自动生成创意图像，如图5-22所示。

图5-22　生成的创意图像

Step 03 查看图像。单击生成的任意一张图像，即可查看其详细效果，如图5-23所示。在界面右侧还可以选择更多编辑选项，如生成视频、转换为超清图片、进行图像扩展、重新生成等，以满足用户的个性化需求。

图5-23　图像效果展示

（2）输入关键词

除了使用完整的提示词，用户还可以输入关键词进行描述。

Step 01 输入关键词文本。在文本描述框中输入以下内容。

少年，迷彩服，头戴探险帽，手持指南针，森林中，阳光，植物，小动物，神秘、奇幻，探索。

Step 02 生成图像。单击"立即生成"按钮，生成的图像效果如图5-24所示。

图5-24　图像生成效果

Step 03 查看图像。在生成的图像列表中单击第二张图像以查看其详细效果，如图5-25所示。

图5-25　图像详细效果

Step 04 设置扩图参数。在界面右侧单击"扩图"按钮，在弹出的"扩图"对话框中可以设置扩图的比例参数，并选择是否添加额外的扩图内容，或者保持原图内容不变进行扩展，如图5-26所示。

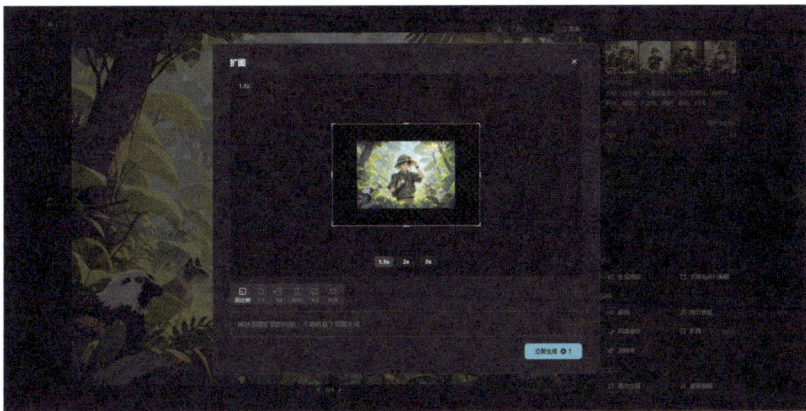

图5-26　图像扩图设置

Step 05　生成并查看扩图效果。单击对话框中的"立即生成"按钮，系统将根据设置自动进行扩图操作。完成后，单击生成的任意一张扩图即可放大查看其详细效果，如图5-27所示。

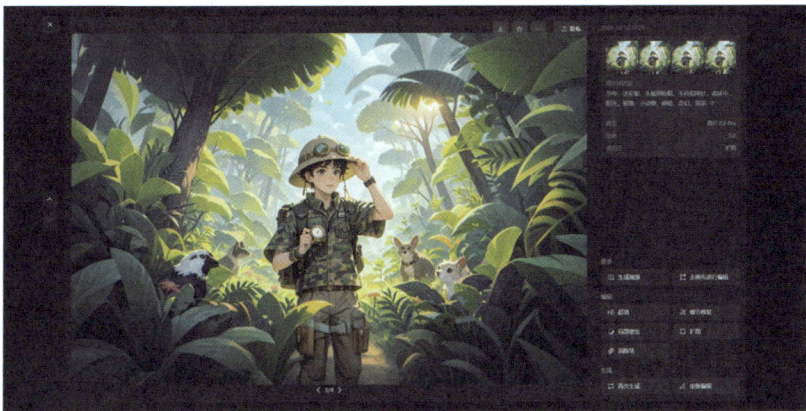

图5-27　扩图效果展示

5.2.3　以图生图

以图生图（Image-to-Image Generation）是指利用输入的图像作为基础，生成新的图像。这种生成可以基于多种任务，如图像风格转换、图像修复、图像增强等。该技术通常依赖于生成对抗网络、变分自编码器等深度学习模型。

1. 主要应用场景

● 图像风格转换：以图生图技术可以将一幅图像的风格应用到另一幅图像上。例如，将一张照片转换为油画风格，或者将现实世界的图像转化为卡通风格。

● 图像修复：该技术可以用于修复损坏或缺失部分的图像。通过分析输入图像的上下文信息，AIGC可以生成缺失的区域，使图像看起来完整。

● 图像增强：以图生图技术可以提高图像的分辨率和质量，如超分辨率生成。输入低分辨率图像，AIGC能够生成高分辨率版本，保留更多细节。

● 场景生成：该技术可以根据输入图像的特征生成新的场景。例如，输入一张城市街道的照片，AIGC可以生成不同时间、天气或季节下的场景。

2. 生成过程

这个过程通常包括以下几个步骤。

Step 01 输入图像分析。AIGC模型首先对输入的图像进行分析，提取出图像的特征信息，包括颜色、形状、纹理等。

Step 02 特征映射。提取出图像特征后，AIGC将这些信息映射到目标图像的生成空间。这一过程涉及对输入图像的理解和目标图像特征的构建。

Step 03 图像生成。AIGC使用生成模型生成新的图像。这些模型通过训练学习输入图像和目标图像之间的关系，从而生成符合要求的新图像。

3. 以图生图实操

Step 01 导入参考图像。在"AI作图"界面中单击文本描述框中的"导入参考图"按钮，在弹出的"打开"对话框中浏览并选择想要上传的图像文件。选中该文件后，单击"打开"按钮完成上传。在"参考图"对话框中设置参数，如图5-28所示。

Step 02 输入描述文本。单击"确定"按钮以确定参考图设置。随后在文本描述框中输入图片内容，其他参数保持默认设置不变。具体文字如下。

图5-28　导入参考图像

置身于一个奇幻的冒险场景中。背景变为茂密的森林、小孩手持一把魔法杖，身边围绕着各种奇异的生物，表情可以更加兴奋和好奇，展现出探索未知世界的勇气。

Step 03 生成创意图像。单击"立即生成"按钮，生成的图像如图5-29所示。

图5-29　生成图像效果

Step 04 查看图像效果。在生成的图像列表中单击第四张图像以查看其详细效果，如图5-30所示。

图5-30　查看详细效果

Step 05 提升图像清晰度。如果觉得图像清晰度不够，可以在界面右侧单击"超清"按钮，系统自动进行高清处理，处理后的效果如图5-31所示。

图5-31　提升图像清晰度

5.2.4　结合Photoshop优化图像

AIGC绘画与Photoshop的结合应用，正在重塑数字艺术创作的工作流程。这种强强联合不仅拓展了创意表达的边界，还大幅提高了内容生产的效率，为设计师、艺术家以及图像编辑者带来了革命性变革。这种结合应用主要体现在以下几个方面。

1. 素材生成与原型制作

AIGC能够基于用户输入的关键字、风格或草图，迅速生成多样化的图像素材。这些素材可以作为Photoshop设计项目的起点，极大地缩短了设计师从构思到原型的转化时间。例如，设计师可以利用AIGC生成一系列风格各异的图标、纹理或背景，然后在Photoshop中进一步优化和整合细节。

2. 风格转换与艺术滤镜

AIGC在图像风格转换方面展现出了强大的能力，可以将普通照片转换成各种艺术风格，如油画、水彩画、素描等。Photoshop则提供了丰富的工具，允许设计师在AIGC转换的基础上进一步调整色彩、对比度、亮度等参数，并添加滤镜和特效，从而创造出更加独特和富有艺术感的作品。

3. 图像修复与细节增强

AIGC在图像修复领域的应用也非常广泛，能够自动识别并修复图像中的瑕疵、划痕或缺失部分。当其与Photoshop结合使用时，设计师可以利用AIGC进行初步的修复工作，然后在Photoshop中进行更精细的调整和修复。此外，它还可以用于增强图像的细节，如锐化边缘、增加纹理等，使图像更加清晰和生动。

4. 自动化处理与效率提升

AIGC绘画的自动化特性使得一些烦琐的图像处理任务变得更加简单和高效。例如，AIGC可以快速去除照片中的背景、识别并分离对象，或者自动调整图像的曝光和色彩平衡。这些自动化处理不仅减少了设计师的工作量，还提高了图像处理的准确性和一致性。

5. 创意激发与灵感来源

AIGC能够根据用户需求生成多种设计方案，帮助设计师在创作初期快速探索不同的视觉方向，激发灵感并开拓创作思路。同时，基于用户的历史创作和偏好，AIGC可以提供个性化的设计建议和灵感，帮助设计师发现新的创作方向，提升作品的独特性和创新性。

下面利用AIGC工具结合Photoshop创作一幅古风山水画卷。

Step 01 构思与准备。在这个阶段，设计师首先明确项目的主题和目标。例如，设计师决定创作一幅古风山水画卷，旨在通过作品传达出中国传统山水画的意境与美感。首先构思了画卷中的主要元素，包括巍峨的山峰、潺潺的溪流、飞瀑直下、云雾缭绕的古木以及点缀其间的亭台楼阁。

在构思步骤中，设计师也可以借助AIGC工具进行方案的生成。

示例：设计师决定创作一幅古风山水画卷，旨在通过作品传达出中国传统山水画的意境与美感。

AIGC生成内容如下。

> 方案一：四季流转，古风山水长卷
>
> 构思：
>
> 此方案以四季流转为主题，通过一幅长卷展现不同季节下的古风山水之美。春季万物复苏，山花烂漫；夏季绿荫如盖，溪水潺潺；秋季红叶满山，云雾缭绕；冬季白雪皑皑，银装素裹。
>
> 创作手法：
>
> • AI绘画：利用AI技术生成四季的基础山水画面，确保每季的景色都符合传统山水画的风格。
>
> • Photoshop后期：在AI生成的基础上，通过Photoshop进行细节调整，如添加树叶纹理、岩石质感、水流波纹等，以及调整色彩和明暗，使画面更加细腻和生动。
>
> • 创意元素：在每个季节的画面中，可以巧妙添加一些季节性元素，如春花、夏虫、秋叶、冬雪，以及与之相配的古建筑、小桥流水等，以丰富画面的内容和意境。
>
> 方案二：仙境传说，古风山水秘境
>
> 构思：
>
> 此方案旨在打造一个充满神秘和梦幻色彩的古风山水秘境，通过画面讲述一个关于仙境的传说。
>
> 创作手法：
>
> • AI绘画：利用AI技术生成一个云雾缭绕、山峰耸立的基础画面，营造出一种仙境的氛围。
>
> • Photoshop后期：在AI生成的基础上，通过Photoshop添加一些神秘元素，如飞翔的仙鹤、神秘的古建筑、缥缈的云雾等，以增强画面的神秘感和梦幻感。同时，可以调整画面的色彩和明暗，使其更加符合仙境的设定。
>
> • 故事性：在画面中巧妙设置一些线索和暗示，引导观众进入这个神秘的世界，并激发他们对仙境传说的好奇心和想象力。
>
> 方案三：诗意栖居，古风山水田园
>
> 构思：
>
> 此方案以古风山水田园为主题，通过画面展现一种诗意栖居的生活方式。
>
> 创作手法：
>
> • AI绘画：利用AI技术生成一个田园风光的基础画面，包括青山绿水、农田村舍、小桥流水等。
>
> • Photoshop后期：在AI生成的基础上，通过Photoshop添加一些田园元素，如耕种的农民、放牧的牛羊、嬉戏的孩童等，同时调整色彩和明暗，使画面更加生动和富有生活气息。
>
> • 诗意表达：在画面中巧妙融入一些古诗词或诗句，以表达作者对田园生活的热爱和向往。同时，可以通过调整画面的构图和元素布局，营造出一种宁静、和谐、诗意盎然的氛围。
>
> 方案四：历史回响，古风山水遗迹
>
> 构思：
>
> 此方案旨在通过画面展现古风山水中的历史遗迹，通过画面讲述一段历史的故事。
>
> 创作手法：
>
> • AI绘画：利用AI技术生成一个包含山水和历史遗迹的基础画面，如古老的城墙、废弃的庙宇、残破的桥梁等。

• Photoshop后期：在AI生成的基础上，通过Photoshop进行细节调整，如添加历史的痕迹、岁月的斑驳等，以增强画面的历史感和沧桑感。同时，可以调整画面的色彩和明暗，使其更加符合历史的设定。

• 故事性：在画面中巧妙设置一些历史元素和线索，如古代的兵器、盔甲、文书等，以及与之相配的历史人物和场景，以引导观众进入这个历史的世界，并激发他们对历史的思考和想象。

以上四个方案各具特色，可以根据设计师的喜好和创作意图进行选择或调整。

Step 02　AI绘画生成。将关键词输入AIGC绘画工具。AIGC工具基于这些关键词和内置的算法，迅速生成了多幅水墨风格的山水画作品，如图5-32所示。

关键词：古风山水、仙境、秘境、云雾缭绕、山峰耸立、古建筑、仙鹤飞翔、缥缈。

图5-32　AI绘画生成

Step 03　筛选与调整。从生成的图像中挑选出最符合主题和预期的一幅或多幅，作为后续优化的基础。图5-33所示为对第三幅图像进行扩图处理。

图5-33　对第三幅图像进行扩图处理的效果

Step 04　优化保存。选择符合要求的图像单击放大查看，单击右侧的"超清"按钮，系统自动进行高清处理，效果如图5-34所示。单击"下载" 按钮下载保存，以便后续在Photoshop中进行处理。

图5-34　高清处理效果

Step 05 导入Photoshop。选择生成的图像后，将其导入Photoshop软件，如图5-35所示。

Step 06 细节调整。在Photoshop中，设计师可以对图像进行细节优化，如去除水印、添加滤镜、调整色彩平衡、对比度等，效果如图5-36所示。设计师还可以根据需要添加文字、图标或其他视觉元素，进一步丰富作品的内容和表现力。

图5-35 导入Photoshop

图5-36 细节调整后的效果

5.3 其他图像处理平台

在图像处理领域，除了绘画，现代技术已发展出多个专业化处理方向。随着AI技术的深度融合，各类图像处理平台在特定功能上都实现了突破性进展，通过差异化技术路线，正在构建完整的处理生态链。从修复历史影像到创作数字艺术，从商业级抠图到智能着色，每个领域都涌现出具有独特优势的处理工具。以下是一些主要的处理类型及其对应的平台。

5.3.1 图像修复

图像修复是指通过算法修复图像中的瑕疵、损坏或不完整部分。常见的应用包括去除划痕、修复老照片、填补缺失的区域等，广泛应用于照片恢复、艺术作品修复等领域。

1. Reamker

Reamker能够自动识别并修复图像中的损伤，如裂缝、污点等，让旧照片恢复往日光彩。Reamker采用先进的图像处理算法，能够高效修复多种类型的图像缺陷，用户只需上传需要修复的照片，系统即可自动完成修复过程。

2. Remini

Remini是一种利用AI技术实现照片高清修复和老照片还原的工具，采用尖端的AI算法，智能分析照片中的元素，并补充缺失的细节，包括增强纹理、调整颜色和优化边缘等，从而让照片中的主体和细节更加鲜明，显著提高图像的整体质量和清晰度。其适用于恢复家庭旧照、增强低分辨率照片的清晰度、改善网络下载的模糊图片，以及修复时间久远或保存不当而受损的照片。

3. RestorePhotos

RestorePhotos专门用于修复老照片，能够自动检测并修复照片上的破损和褪色问题。RestorePhotos利用深度学习技术，可以识别图像中的损坏区域并进行智能修复，帮助用户恢复珍贵的历史记忆。

下面以Remini平台操作为例，介绍图像处理基本流程。

Step 01 访问Remini官网。在搜索平台输入"Remini"，在搜索结果中找到官方链接进入Remini首页，单击 Try Remini 按钮进入操作界面，如图5-37所示。

Step 02 上传图像。继续单击"Choose files"按钮 Choose files，在弹出的"打开"对话框中找到并选择想要上传的图像。选中后单击"打开"按钮以完成上传。

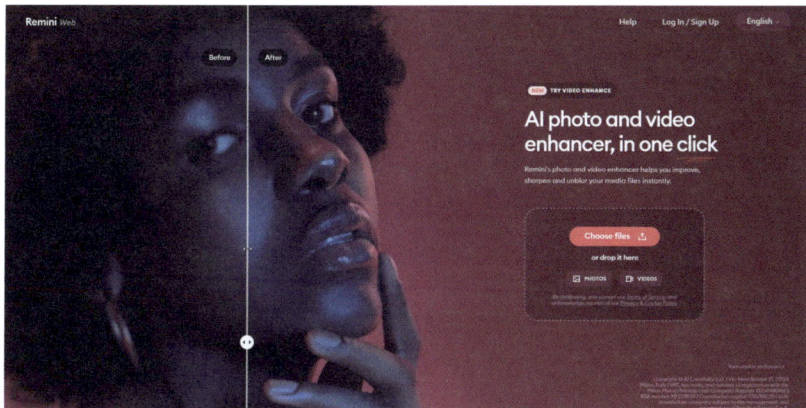

图5-37　Remini首页

Step 03 查看处理结果。上传图像后，Remini平台开始对图像进行处理。处理时间可能因图像大小和平台负载而异。处理完成后，可以仔细查看并与原始图像对比，如图5-38所示。如果对增强后的图像满意，可以选择将其下载到设备或分享给其他人。

图5-38　处理后的图像与原始图像对比

5.3.2　图片编辑与创作

图片编辑与创作是指通过数字技术对图像进行处理、优化和艺术加工的过程，涉及对图像进行修改、合成和创作新的视觉作品。这一过程包括添加文本、图形、滤镜等，广泛应用于广告、社交媒体、艺术创作等领域。以下是一些主要的图片编辑与创作平台。

1. 即时设计

即时设计是一款由国内团队开发的在线UI编辑网站，专为设计师和需要设计能力的用户打造。它提供了一系列实用的画图工具，如钢笔工具、图形工具、切片工具、原型工具等，以及丰富的设计资源库，涵盖多种风格，如商务、可爱、古风、立体、动漫等。

2. BeFunky

BeFunky是一款功能强大的在线图片编辑工具，它提供了丰富的编辑功能和艺术效果，提供调整图像亮度、对比度和色彩平衡的功能，以及剪裁、缩放和旋转等基本编辑工具。此外，它还拥有丰富的滤镜和艺术效果，如黑白处理、油画效果和模糊效果等。其易于使用，能够为用户提供不一样的视觉体验。

3. Canva

Canva是一款用户友好的在线设计平台，允许用户轻松创建社交媒体图形、海报、演示文稿等。Canva提供了丰富的模板和图形资源，用户只需选择模板，然后添加文本、图形和滤镜等元素即可。此外，Canva还支持团队协作和实时预览功能，方便用户与他人共同编辑和查看设计效果。

下面以Canva平台操作为例，介绍平台的基本流程。

Step 01 访问Canva官网。在搜索平台中输入"Canva"，在搜索结果中找到官方链接进入，并使用账号登录，如图5-39所示。

图5-39　Canva官网首页

Step 02 搜索模板。登录后，在首页中单击"平面物料"按钮，随后在弹出的提示框中选择"电商"类别按钮，如图5-40所示。

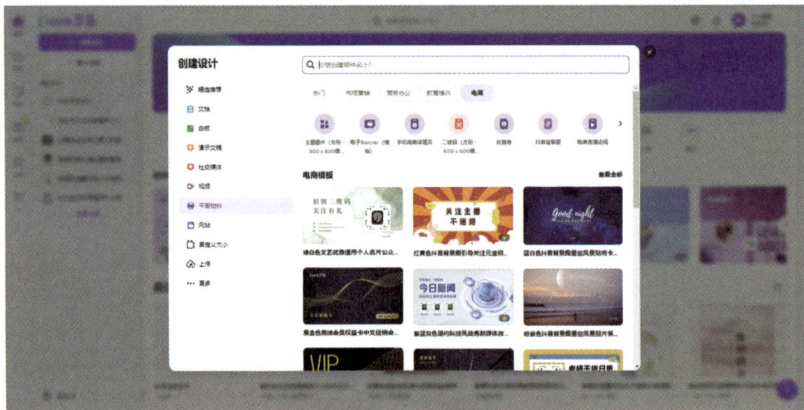

图5-40　搜索模板

Step 03 选择模板。从电商类别中选择第一个模板，单击即进入编辑界面，如图5-41所示。

Step 04 重新选择模板。单击"设计"按钮，可以在界面左侧重新选择模板，如图5-42所示。

Step 05 调整模板样式。在编辑界面中，可以利用Canva提供的各种工具进行图像编辑和创作，效果如图5-43所示。完成编辑后，用户可以单击页面右上角的"保存"按钮来保存设计作品。

操作技巧

在使用Canva进行创作时，应时刻保持对版权的敬畏之心，遵守相关法律法规和平台规则，尊重原创作者的劳动成果。通过增强版权保护意识、谨慎选择素材、遵守"公平使用"原则等方式，可以有效避免版权纠纷发生。

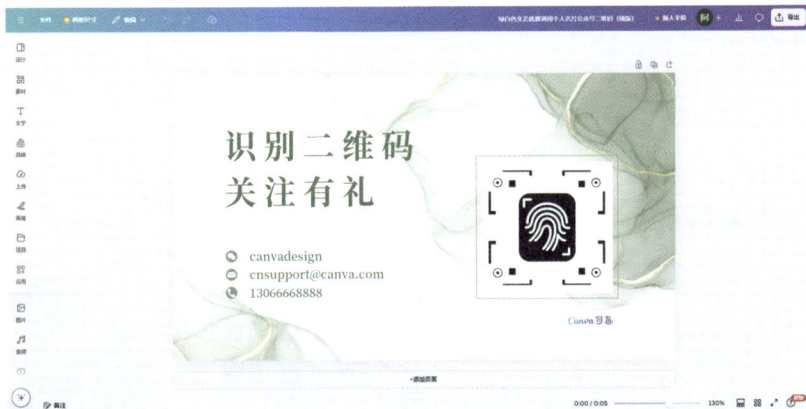

图5-41　模板编辑界面

图5-42　在界面左侧重新选择模板

图5-43　调整模板样式

5.3.3　图片背景抠除

图片背景抠除是指从图像中去除背景，使主体更加突出。这项技术常用于电商产品图、个人头像等场景，使产品或人物更加引人注目。以下是一些主要的图片背景抠除平台。

1. Remove.bg

Remove.bg平台利用AIGC技术，能够自动识别并去除图片中的背景，同时保留主体的边缘和细节。用户只需上传图片，即可快速获得去除背景后的图像。

2. Pixian.AI

Pixian.AI提供强大的背景去除功能，用户可以通过简单的操作，快速实现高质量的背景抠除，适用于各种商业和个人用途。

3. BgSub

BgSub是一款在线背景去除工具，专注于提供简单高效的背景抠除服务。用户可以上传图片，BgSub会自动处理并去除背景，同时提供手动调整的选项，以确保用户满意的效果。

下面以BgSub操作作为例，介绍背景抠除的基本流程。

Step 01 访问BgSub官网。在搜索平台中输入"BgSub"，在搜索结果中找到官方链接进入，如图5-44所示。

Step 02 上传图像。单击"启动BgSub"，显示图5-45所示的界面。单击"打开图像"按钮，在弹出的"打开"对话框中找到并选择想要上传的图像。选中后，单击"打开"按钮完成上传。

图5-44　BgSub官网首页

图5-45　上传图像

Step 03 抠除背景。BgSub会快速分析图片并去除背景，效果如图5-46所示。单击"保存图像"按钮保存处理后的图像。如果需手动调整，可以单击左侧的"编辑"按钮，进行细部调整，如擦除、恢复、调整范围等。

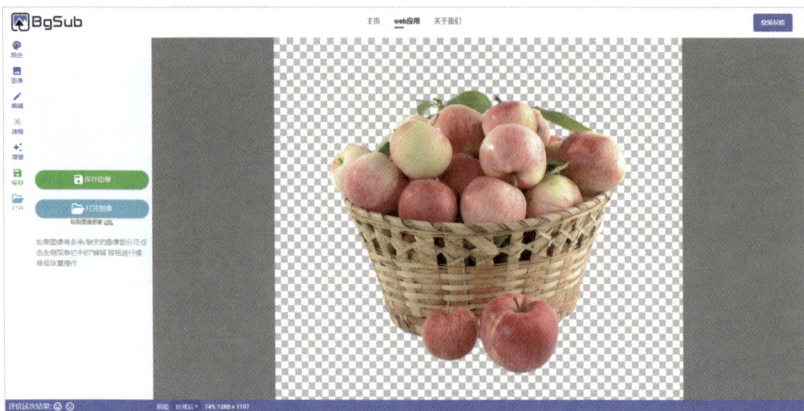

图5-46　抠除背景效果

5.3.4 图片着色工具

图片着色工具是指通过数字技术为黑白图像或单色图像添加颜色的处理工具，常用于历史照片或插图的现代化处理。这项技术不仅可以恢复历史图像的生动性，还能为艺术创作带来新的可能性。以下是一些主要的图片着色工具。

1. ImageColorizer

ImageColorizer利用深度学习技术，可以为黑白图像添加自然且逼真的颜色，用户只需上传图像，便可快速获得着色效果。

2. ColorizePhoto.com

ColorizePhoto.com是一款在线图片着色工具，能够自动识别黑白图像中的物体和场景，并为其添加逼真的颜色。用户只需上传黑白照片，即可快速获得着色后的彩色图像。

3. Palette

Palette是一款功能强大的图片着色工具，它利用先进的算法和技术，自动分析图像中的物体、场景和纹理，并根据这些信息为图像添加合适的颜色。此外，Palette还提供了多种颜色方案和风格供用户选择，使得用户可以根据自己的喜好和需求来调整着色效果。

下面以Palette操作为例，介绍图片着色的基本流程。

Step 01 访问Palette官网。在搜索平台中输入"Palette"，在搜索结果中找到官方链接进入，如图5-47所示。

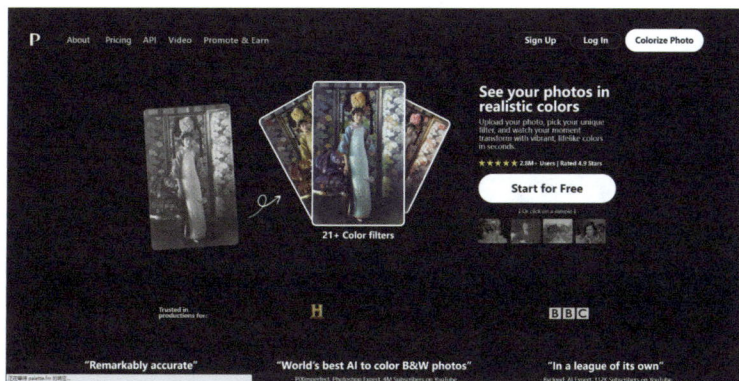

图5-47　Palette官网首页

Step 02 上传图像。单击"Start for Free"按钮，显示图5-48所示的界面。单击"UPLOAD NEW IMAGE" 按钮，在弹出的"打开"对话框中找到并选择想要上传的图像。选中后，单击"打开"按钮完成上传。

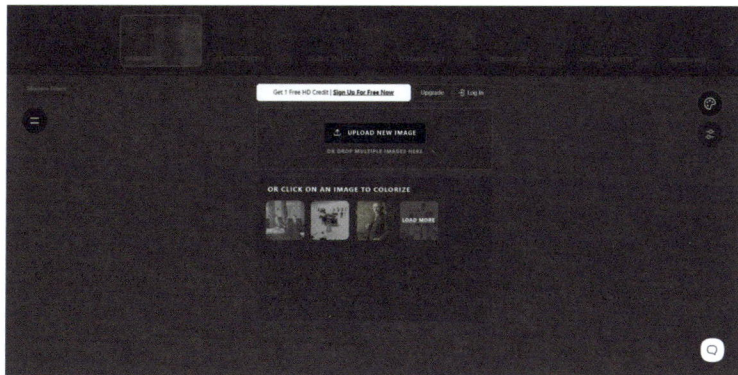

图5-48　上传界面

Step 03 自动着色处理。图像上传完成后，Palette会自动对图像进行着色处理，处理效果如图5-49所示。

Step 04 调整图像效果。用户可以根据自己的喜好和需求，在平台上预览不同的着色效果，并选择最合适的方案，图5-50所示为"NATURE'S PALETTE"效果。若对自动着色效果不满意，Palette还提供了手动调整的功能。通过调整色温、曝光、对比度、饱和度等参数来进一步优化着色效果。调整满意后可以单击"DOWNLOAD"按钮下载保存。

图5-49　着色处理效果

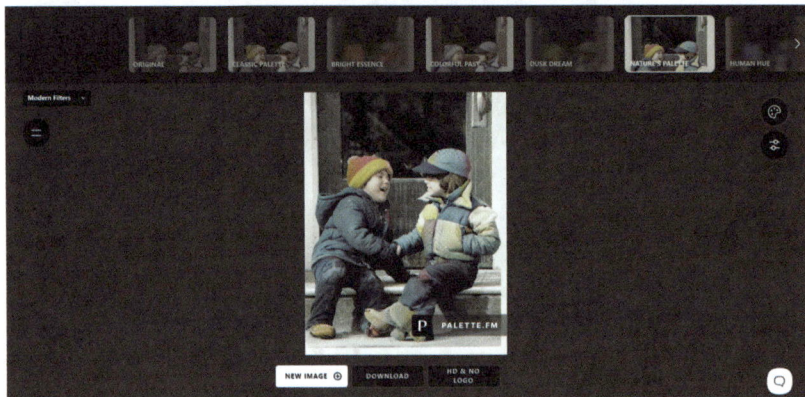

图5-50　"NATURE'S PALETTE"效果

5.4　知识拓展——使用AIGC生成盲盒玩偶

本项目旨在利用先进的AIGC技术，以日常生活中的常见宠物为设计灵感，打造一系列展现宠物在不同职业与情境下可爱瞬间的超萌盲盒玩偶，为市场带来新鲜、有趣且具有收藏价值的玩具产品。设计流程如下。

Step 01 主题确定。确定主题后，借助AIGC生成相关的设计方案。提问内容如下。
打工喵3D盲仔玩偶设计方案，策划6个外加两个隐藏，请生成具体的方案。

Step 02 灵感激发。AIGC生成内容如下。

打工喵3D盲仔玩偶设计方案

1. 项目概述

"打工喵3D盲仔玩偶"系列以职场中的猫咪为灵感,通过幽默和可爱的方式展现猫咪在工作场景中的各种姿态和表情。本方案将设计6个常规款玩偶和2个隐藏款玩偶,每个玩偶都富有故事性和趣味性,旨在为消费者带来欢笑和收藏的乐趣。

2. 设计理念

- 职场幽默:通过猫咪的拟人化表现,展现职场中的有趣瞬间,让消费者在忙碌的生活中找到轻松和乐趣。

- 细节精致:注重玩偶的每一个细节,从服装到表情,从姿态到配饰,都力求真实、生动,增强收藏价值。

- 情感共鸣:通过猫咪的可爱形象和职场故事,激发消费者的情感共鸣,让玩偶成为他们生活中的温馨伴侣。

3. 常规款设计

(1)程序员喵

- 描述:一只穿着格子衬衫、戴着黑框眼镜的猫咪,正坐在电脑前认真地敲打着键盘。它的表情专注而认真,仿佛在解决一个复杂的编程问题。

- 特点:格子衬衫、黑框眼镜、电脑键盘、专注的表情。

(2)咖啡师喵

- 描述:一只穿着围裙、戴着厨师帽的猫咪,正在用心地制作一杯咖啡。它的手(爪子)上戴着隔热手套,脸上洋溢着满足和自豪的表情。

- 特点:围裙、厨师帽、咖啡杯、隔热手套、满足的表情。

(3)设计师喵

- 描述:一只穿着时尚、戴着耳机的猫咪,正坐在画板前专注地设计。它的爪子上拿着画笔,周围散落着设计稿和颜料。

- 特点:时尚服装、耳机、画板、画笔、设计稿。

(4)快递员喵

- 描述:一只穿着快递员制服、背着快递包的猫咪,正在忙着送快递。它的脸上带着疲惫但坚定的表情,仿佛在努力完成自己的任务。

- 特点:快递员制服、快递包、坚定的表情。

(5)教师喵

- 描述:一只穿着教师制服、戴着眼镜的猫咪,正在讲台上给一群小猫崽上课。它的表情严肃而亲切,仿佛在传授重要的知识。

- 特点:教师制服、眼镜、讲台、小猫崽、严肃而亲切的表情。

(6)医生喵

- 描述:一只穿着白大褂、戴着口罩的猫咪,正在给一只受伤的小猫包扎伤口。它的眼神温柔而专注,仿佛在传递着安慰和力量。

- 特点:白大褂、口罩、包扎工具、温柔而专注的眼神。

4. 隐藏款设计

(1)CEO喵

- 描述:一只穿着西装、打着领带的猫咪,正坐在豪华的办公椅上,手持一份文件,表情严肃而自信。它的办公桌上摆放着电脑和文件,周围是高档的办公用品和装饰品。

- 特点:西装、领带、豪华办公椅、高档办公用品、严肃而自信的表情。

（2）艺术家喵

• 描述：一只穿着艺术家服装、戴着贝雷帽的猫咪，正坐在画布前专注地绘画。它的爪子上沾满了颜料，脸上洋溢着创作的激情和喜悦。

• 特点：艺术家服装、贝雷帽、画布、颜料、创作的激情和喜悦的表情。

5. 生产与包装

• 生产：采用高质量的环保材料，确保玩偶的柔软度、安全性和耐用性。利用3D打印技术进行原型制作和测试，确保每个玩偶的细节和比例都符合设计要求。

• 包装：设计独特的盲盒包装，每个包装上印有"打工喵"的标志和系列名称，以及一个神秘的猫咪图案。包装内部设有保护层，确保玩偶在运输过程中不受损坏。同时，在包装上标注常规款和隐藏款的标识，增加消费者的购买欲望和惊喜感。

6. 结语

"打工喵3D盲仔玩偶"系列不仅是一次创意与幽默的完美结合，更是一次对职场猫咪和生活的热爱与致敬。我们相信，这些超萌盲盒玩偶将成为消费者生活中的一道亮丽风景线，带给他们无尽的欢笑和收藏的乐趣。

Step 03 关键词提炼。提取方案中的关键词，具体如下。

盲盒，c4d，毛绒玩具，可爱猫咪拟人，程序员喵、咖啡师喵、设计师喵、快递员喵、教师喵、医生喵、CEO喵、艺术家喵。

Step 04 AI作图操作。打开即梦AI，进入"AI作图"界面，输入前期确定的关键词，设置图片比例为3：2，单击"立即生成"按钮，获取初步设计方案。

Step 05 效果预览与选择。单击即可放大查看生成的效果，如图5-51所示。

图5-51 AI作图详细效果

Step 06 图片优化。在右侧可以进行"超清""细节修复""扩图"等操作，图5-52所示为细节修复和超清后的效果。

Step 07 设计迭代。若生成的图片不符合要求，可以多尝试几次，或者修改关键词再次生成，直至满意，如图5-53所示。

Step 08 后续操作。平台生成的内容仅作为辅助设计，其目的是激发前期的设计灵感。在确定盲盒玩偶的基础形象之后，应选择合适的3D建模软件（如Maya、3ds Max、C4D等），通过几何体、线条等基础元素构建盲盒玩偶的基本轮廓和结构。随后进行细节雕刻，并根据盲盒玩偶的主题和风格挑选相应的材质和纹理，如塑料、金属等。完成这些步骤后，进行渲染处理。如果条件允许，可以将盲盒玩偶的3D模型进行3D打印，制作出实物样品。根据测试结果和用户反馈，对盲盒玩偶的设计和生产流程进行进一步优化和调整。若设计获得认可，便可以进入批量生产阶段，并推向市场。

图5-52 细节修复和超清后的效果

图5-53 多次修改效果

第 **6** 章

AIGC
影音制作

通过先进的算法和深度学习能力，AIGC能够快速且精准地执行视频画质增强、音频降噪、自动剪辑与配音等任务，极大提升了影音内容的制作效率和质量。此外，AIGC还能够快速将文字或图片内容转化为视频，节省大量时间和精力，同时降低制作成本，无须专业技能也能轻松操作，为视频创作带来了前所未有的便利。本章将介绍 AIGC在影音制作领域的应用，为影视制作、广告创意、音乐产业等带来前所未有的效率提升和创作可能。

6.1 AIGC音频生成

随着人工智能技术的发展，AIGC在音频处理领域取得了突破性进展。当前基于深度学习的音频生成软件已形成完整的生态体系，在语音合成、音频编辑和音效处理等方面展现出强大的能力，为内容创作者们提供了前所未有的可能性。一些受欢迎的AIGC配音软件包括配音鹅、配音鱼、布谷鸟配音、AI配音秀、魔音工坊等。下面以魔音工坊为例进行说明。

6.1.1　根据文字自动生成配音

魔音工坊是一款功能强大、操作简便的配音软件，具有广泛的适用性和高度的自定义性。无论是专业配音师还是普通用户，都可以通过魔音工坊轻松实现高质量的音频创作。下面对该软件的用法进行简单介绍。

Step 01 进入魔音工坊创作页面。登录魔音工坊官网，单击"立即创作"按钮，进入创作页面，如图6-1所示。

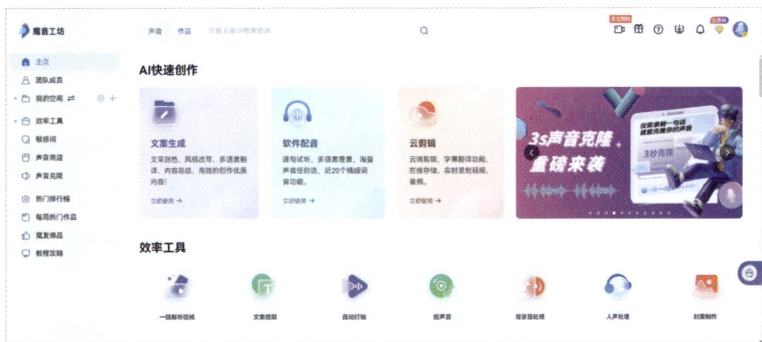

图6-1　魔音工坊创作页面

Step 02 进入文案配音页面。在创作页面中单击"软件配音"进入配音页面。在该页面中可以输入要配音的文字内容，或使用"Ai小魔快速创作"功能自动生成所需文字，如图6-2所示。需要注意的是，生成内容需要消耗一定的数字余额，数字余额需要购买。

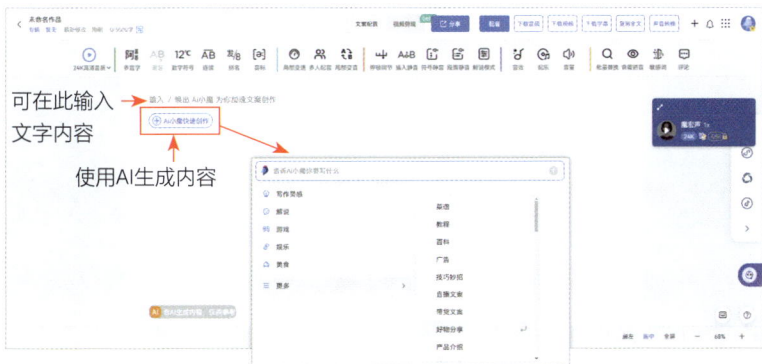

图6-2　文案配音页面

Step 03 试听配音。此处在空白文档中输入要配音的文字，随后选中一段内容，单击"24K高清音质"按钮，开始对所选内容进行试听。在试听过程中，正在阅读的内容会以蓝色显示，同时多音字的拼音也会显示，如图6-3所示。

Step 04 纠正多音字的读音。若多音字的读法有误，可以将该多音字选中，在顶部工具栏中单击"多音字"按钮，此时所选文字下方出现该多音字的全部拼音，用户只需选择正确的拼音即可，如图6-4所示。

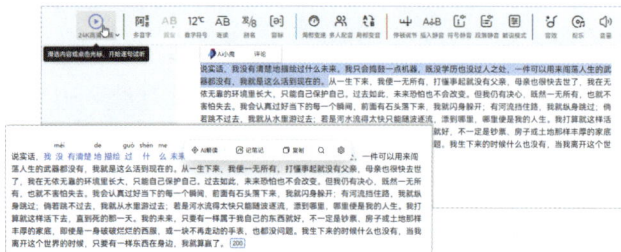

图6-3　配音试听效果

图6-4　多音字读音纠正

Step 05　展开配音菜单。用户可以根据需要为文字选择合适的配音人声。默认情况下切换声音的菜单为展开状态，若该菜单被关闭，则可以单击 ⤢ 按钮，将菜单展开，如图6-5所示。

Step 06　选择配音人声。在声音菜单中可以选择"男声"或"女声"，以及声音的类型、人物等。还可以对所选择的人声语速、语调等进行设置，如图6-6所示。

图6-5　展开配音菜单

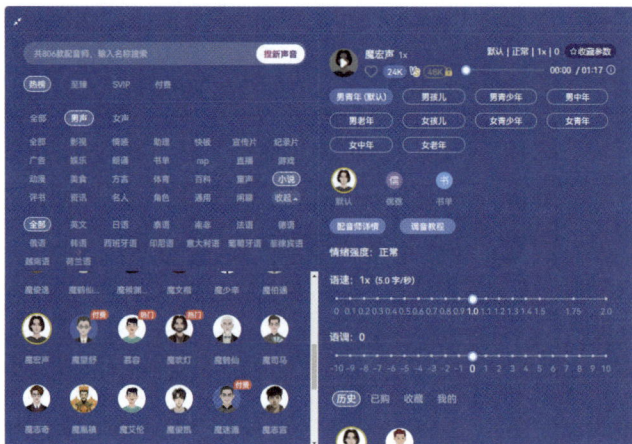

图6-6　配音人声选择

6.1.2　音频编辑功能

魔音工坊的操作界面设计十分直观简洁，用户无须复杂的学习过程便可以轻松上手。各项功能均集中在工具栏中，一目了然，如图6-7所示。这便于用户快速进行配音创作和个性化调整，极大提升了配音制作的效率和体验。

图6-7　魔音工坊工具栏

"文案配音"页面的工具栏中各工具的作用如下。

● 多音字：软件内置多音字处理工具，用户可以单击该按钮，为选中的多音字选择正确的读音，解决中文多音字带来的配音困扰。

● 重音：重音功能可以将选中内容的配音进行音强或音调的提升，以达到强调的目的，增强表达效果。

● 数字符号：如果合成的配音中对数字的读法不符合语境，用户可以使用数字符号功能对该数字的读法进行修改，以满足不同的配音需求。

● 连读：该功能可以解决配音时英文内容或专有名词被拆分开来读的问题，滑选需要连读的内容，单击上方的"连读"工具，生成的配音即具备连贯性。

● 别名：别名功能允许用户在不修改原文本的情况下，让某些词在合成音频时使用其他文字的读音合成，多用于通假字、多音字、敏感词、方言等。例如，设置"YYDS"为"永远的神"。

● 局部变速：用户可以通过滑选指定句子，单独设置语速调节，实现语速的"有缓有急"，为配音增加更多变化。

● 多人配音：软件支持多人配音功能，用户可以根据需要设置不同的发音人，或者同一个发音人的不同情感/风格，为配音作品增加更多角色和互动性。

● 局部变音：通过选择指定句子进行声音转换，可以实现声音的"移花接木"功能，为配音作品增添趣味性。

● 停顿调节：用户可以通过在鼠标指定位置插入停顿调节，精细调节韵律，实现声音的"抑扬顿挫"。

● 插入静音：在配音作品中插入静音段落，以满足特定的配音需求或制作效果。

● 符号静音：通过特定符号实现静音效果，方便用户快速标注需要静音的部分。

● 段落静音：用户可以选择对整个段落进行静音处理，以符合配音要求。

● 解说模式：解说模式是一种特定的配音风格或设置，旨在模拟解说员的口吻和语调，适用于解说类内容的配音。

● 音效：软件提供了音效库，含有丰富的音效，用户可以根据需要进行添加，增强配音作品的表现力和感染力。

● 配乐：用户可以为配音作品添加背景音乐，以提升整体氛围和观感。

● 音量：用户可以调整配音作品的音量大小，以满足不同的播放环境和需求。

● 批量替换：支持批量替换文本中的特定内容或词汇，提高配音制作的效率。

● 查看拼音：用户可以通过该功能查看文本内容的拼音标注，有助于正确处理多音字和发音问题。

● 敏感词：软件内置敏感词过滤功能，可以自动替换或删除文本中的敏感词汇，避免配音作品中出现不当内容。

● 评论：用户可以对配音作品进行评论和反馈，有助于改进和提升配音质量。不过，此处的"评论"功能可能并非直接作用于配音过程中的工具，而是指软件内置的用户交互功能之一。

6.1.3　添加配乐和音效

为配音添加背景音乐和音效能够增强情感表达，营造氛围，使内容更加生动、引人入胜，同时能够帮助听众更好地理解情境，提升整体的听觉体验。

Step 01 添加背景音乐。在工具栏中单击"配乐"按钮，在展开的列表中选择音乐的风格，然后单击音乐列表中音乐名称左侧的"播放" ▶ 按钮对音乐进行试听。如果对音乐满意，则单击该音乐选项，即可应用该音乐，如图6-8所示。

Step 02 调节音量。添加背景音乐后，可以将人声的音量适当调大。在工具栏中单击"音量"按钮，在随后显示出的菜单中拖动音量滑块可以快速调整音量大小，如图6-9所示。

图6-8　添加背景音乐

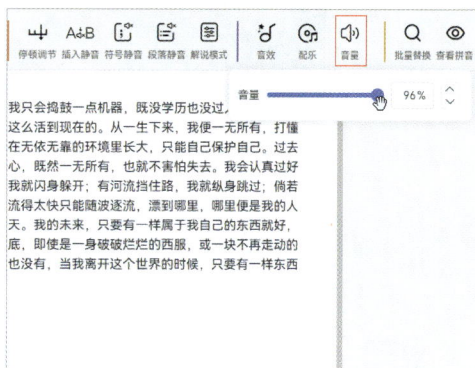

图6-9　调节音量

Step 03 下载音频。配音制作完成后可以将音频下载下来。在页面右上角单击"下载音频"按钮，在展开的列表中选择音频的格式，单击"确定"按钮，如图6-10所示。

Step 04 设置文件名和保存位置。在随后打开的对话框中设置文件名和保存位置，单击"下载"按钮，即可完成下载，如图6-11所示。

图6-10 下载音频

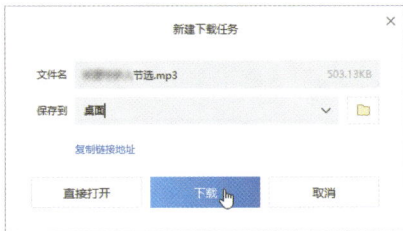

图6-11 设置文件名和保存位置

6.2 AIGC音乐制作

AIGC凭借强大的数据处理和学习能力，已经成功实现了音乐内容的自动生成，包括辅助作词、作曲，以及根据文字、图片、视频等素材创作背景音乐，并根据需求进行快速调整和优化，显著提高了音乐产出速度。AIGC还能根据用户的喜好和需求提供个性化的音乐推荐，使音乐体验更加贴合个人口味。这一技术不仅提升了音乐创作的效率，还丰富了音乐创作的多样性和创新性，带来更多创作可能。目前比较热门的在线音乐生成工具有Suno、网易天音、海绵音乐等。下面以海绵音乐为例，进行说明。

6.2.1 一键创作音乐

海绵音乐是字节跳动公司开发的一款创新的在线音乐创作和生成工具。它能够根据用户的输入，如灵感描述、歌词或者特定的音乐风格，快速生成高质量的音乐作品。用户无须具备专业的音乐知识或技能，只需简单描述自己的创作意图或提供歌词，海绵音乐就能为其量身打造个性化的音乐旋律、和声和编曲。

Step 01 登录海绵音乐在线创作平台。登录海绵音乐官网，在首页中单击"创作"按钮，进入"创作"界面，如图6-12所示。

图6-12 海绵音乐在线创作平台"创作"界面

Step 02 生成"随机灵感"。进入"创作"界面后，此时默认显示的是"灵感创作"窗口。单击"随机灵感"按钮，文本框中会随机生成一个音乐创作灵感，用户可以继续单击"换个灵感"按钮，更换灵感。当文本框中出现一个满意的灵感时，单击"生成音乐"按钮，如图6-13所示。

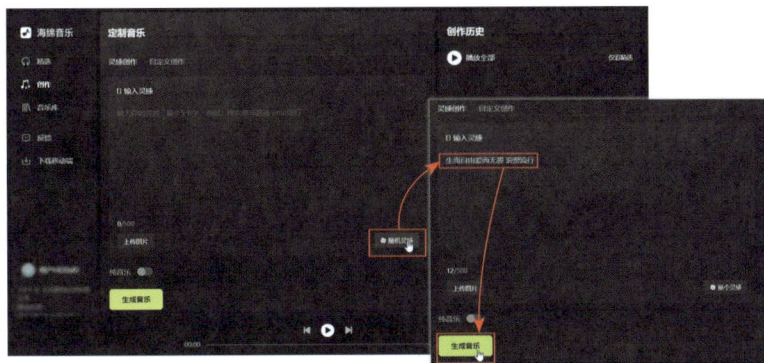

图6-13　生成"随机灵感"

Step 03　自动生成音乐。海绵音乐会根据文本框中自动生成的文字灵感生成三首歌曲，并自动按顺序播放歌曲。用户在"创作历史"区域可以查看这三首歌曲，单击歌曲名称进行切换，在"音乐详情"区域可以查看歌词，如图6-14所示。

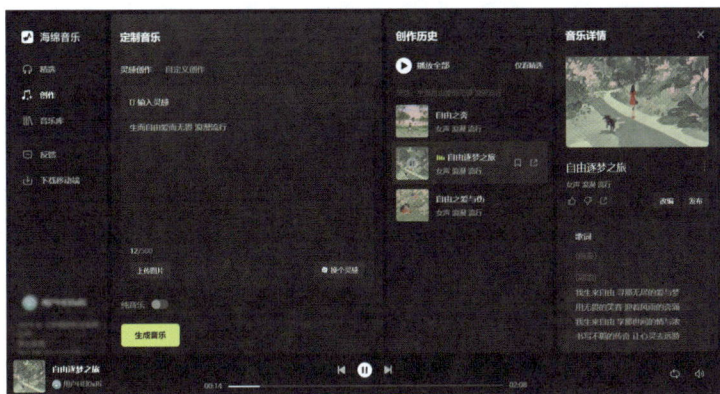

图6-14　自动生成音乐

6.2.2　改编一键生成的音乐

使用"灵感创作"一键生成音乐后，还可以根据需要对歌词或音乐效果进行改编。在"音乐详情"区域单击"改编"按钮，在"定制音乐"区域内可以对歌词、曲风、心情、音色等进行更改。修改完成后单击"生成音乐"按钮，即可重新生成音乐，如图6-15所示。

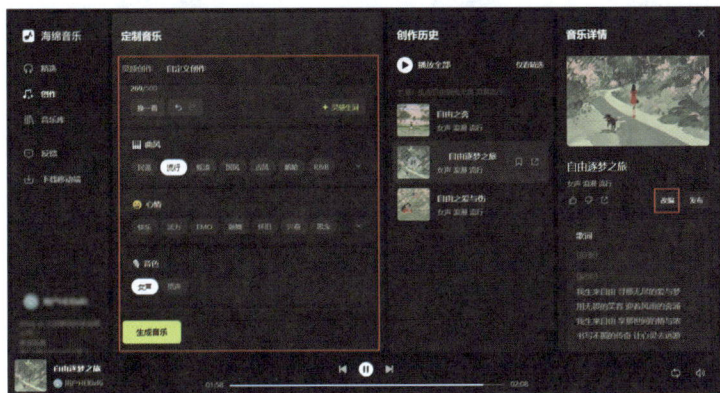

图6-15　一键生成音乐改编

6.2.3 自定义创作音乐

海绵音乐还提供了丰富的自定义功能，用户可以根据自己的喜好和需求，调整音乐的节奏、速度、音色等参数，以获得更加符合自己期望的音乐效果。无论是想要创作一首流行的歌曲，还是为视频、游戏等媒体内容寻找合适的背景音乐，海绵音乐都能为用户提供便捷、高效的解决方案。

Step 01 自定义歌曲。在"创作"界面中单击"自定义创作"按钮，切换至该界面，如图6-16所示。

Step 02 自动生成歌词。在"歌词"文本框下方选择曲风为"古风"，心情为"思念"，音色为"男声"，输入歌曲名称为"相思墨染月下弦"，随后单击歌词文本框下方的"一键生词"按钮，"歌词"文本框中随即根据各项选择和歌曲名称自动生成歌词，如图6-17所示。

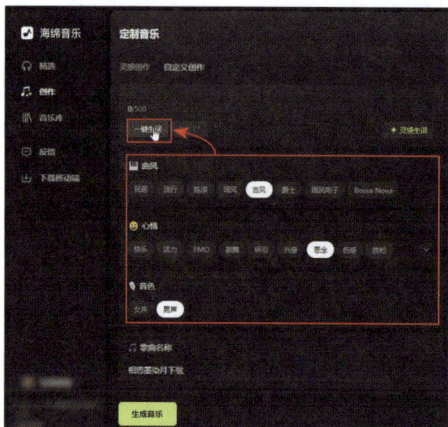

图6-16　自定义创作界面　　　　　　　图6-17　自动生成歌词

Step 03 自动生成音乐。单击"生成音乐"按钮，海绵音乐经过短暂分析后便可生成三首不同曲调的歌曲，在"创作历史"区域双击歌曲名称可以对这些歌曲进行逐一试听，如图6-18所示。

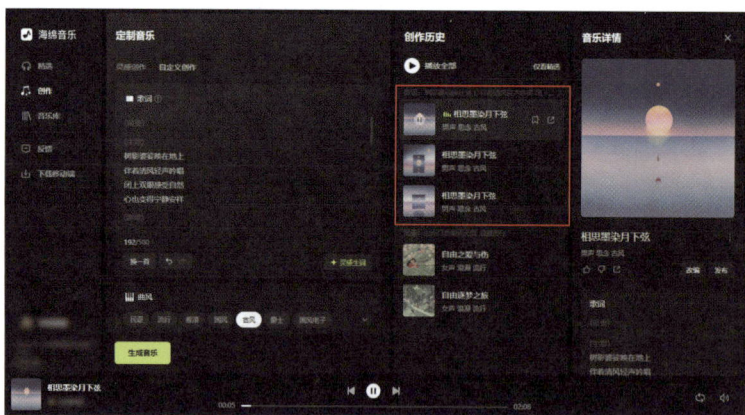

图6-18　生成音乐并试听

6.2.4 用手机试听及分享歌曲

用海绵音乐网页端创作的歌曲可以分享到手机中，用户可通过手机试听，并将其分享给好友。

Step 01 扫描二维码。在"创作历史"区域选择一首歌曲，单击其右侧的 ☑ 按钮，展开一个二维码，用微信扫描二维码，如图6-19所示。

Step 02 用手机试听歌曲。手机中随即会显示歌曲信息，单击"播放"按钮即可播放歌曲，如图6-20所示。

Step 03 分享歌曲。单击手机屏幕右上角的 ••• 按钮，随后可以通过屏幕底部菜单栏提供的选项将歌曲发送给微信、QQ好友，或发送到朋友圈等，如图6-21所示。

图6-19　扫描二维码　　　　图6-20　试听音乐　　　　图6-21　分享歌曲

6.2.5　发布歌曲

在"音乐详情"区域单击"发布"按钮，可以将歌曲添加到"音乐库"。在页面左侧单击"音乐库"选项，可以查看所有已发布的歌曲，如图6-22所示。

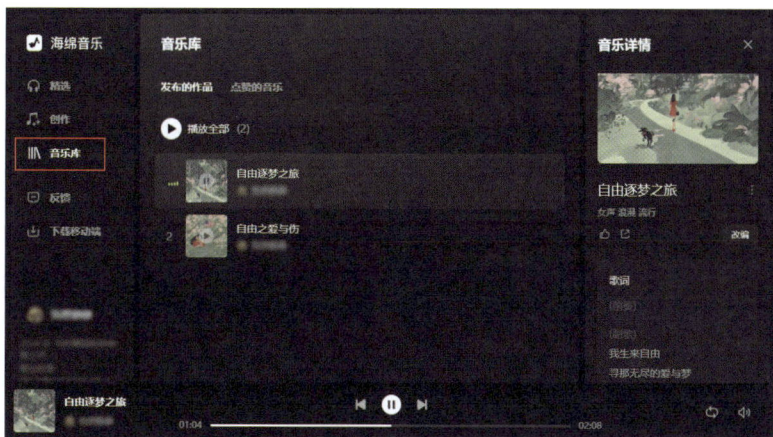

图6-22　将歌曲添加到"音乐库"

6.3　剪映AIGC助手

剪映包含多种功能强大的智能工具，包括生成图片、生成视频、智能特效及数字人播报等，能够自动识别视频元素并提供编辑建议。同时，其支持智能配音与音频处理，极大提升了视频创作的效率与质量。用户只需简单操作，即可借助人工智能生成技术轻松制作出具有专业水准的视频作品。

6.3.1 剪映文字成片

"文字成片"是剪映的一个视频编辑工具。该工具充分展现了AIGC技术在视频编辑领域的强大应用潜力，能够智能分析用户输入的文案内容，自动匹配相关图片、视频素材以及音频，快速生成符合用户需求的视频。其主要特点包括智能匹配、旁白朗读、自定义编辑等。以下是关于文字成片功能的简单介绍。

● 智能匹配：用户输入文案后，剪映能智能匹配相关图片素材、字幕、旁白和音乐，自动生成视频。

● 旁白朗读：该功能提供智能朗读旁白功能，朗读效果几乎贴近真人，为用户省去了录音的麻烦。

● 自定义编辑：用户可以对生成的视频进行进一步编辑和调整，包括替换素材、修改字幕、调整音乐等，以满足其个性化需求。

Step 01 在电脑端剪映中执行"文字成片"命令。启动"剪映专业版"软件，在首页中单击"文字成片"按钮，如图6-23所示，打开"文字成片"窗口。

图6-23 "剪映专业版"软件界面

Step 02 执行自动生成文案操作。用户可以单击"自由编辑文案"按钮，手动输入文案；也可以根据窗口提供的选项，以及输入关键词自动生成文案。此处在"智能文案"组中选择"旅行感悟"选项，随后输入旅行地点为"敦煌"，输入话题为"历史、文化、自然风景、美食"，视频时长选择"不限时长"，单击"生成文案"按钮，如图6-24所示，窗口右侧随即自动生成三份文案结果。

Step 03 查看所有文案结果。单击底部的"翻页"箭头可以查看所有文案结果，然后选择一个满意的文案，如图6-25所示。

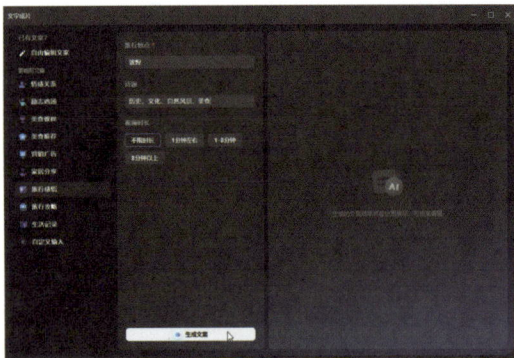

图6-24 自动生成文案

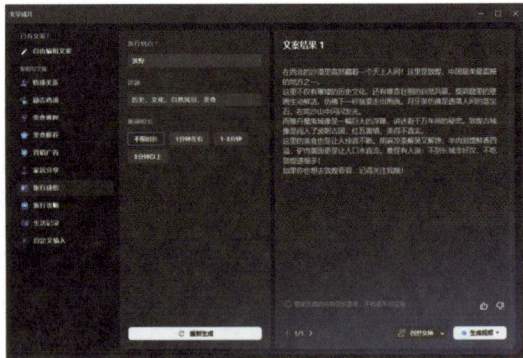

图6-25 文案结果查看界面

Step 04 选择朗读声音。单击窗口右下角的"声音角色"按钮，在展开的列表中包含了大量的声音角色，单击角色右侧的🎧按钮可以对该角色的朗读效果进行试听。选定一个角色后，单击该角色选项，应用该角色声音，如图6-26所示。

Step 05 执行"智能匹配素材"命令。单击"生成视频"按钮，在下拉列表中选择"智能匹配素材"选项，如图6-27所示。

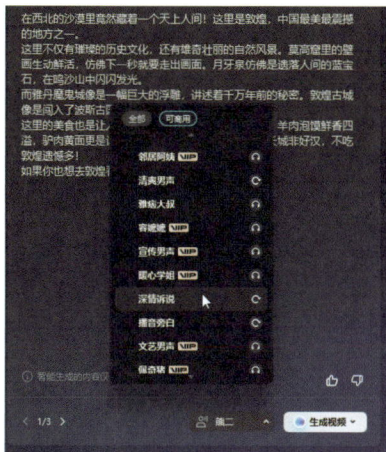

图6-26　选择朗读声音

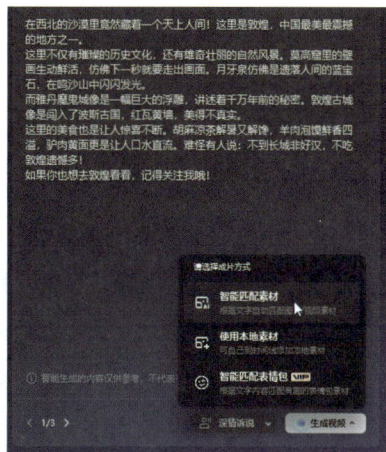

图6-27　选择"智能匹配素材"

Step 06 自动生成视频。剪映经过处理后将自动生成一段视频，并在"创作"界面中打开该视频。此时，"时间线"窗口会显示该视频的所有图片、视频、字幕、配音、背景音乐等素材，用户可以根据需要对视频进行进一步编辑，如图6-28所示。

图6-28　自动生成视频

Step 07 预览视频。单击"播放"按钮可以预览视频效果，如图6-29所示。

图6-29　视频预览效果

6.3.2　特效的添加

剪映的"AI特效"可以通过智能化的图像处理技术，根据用户输入的描述词或选择的画面风格，一键生成具有风格化效果的视频或图片。

Step 01 执行"开始创作"命令。启动电脑端剪映，在首页中单击"开始创作"按钮，如图6-30所示。

图6-30　电脑端剪映首页

Step 02 选择特效风格并输入关键词。进入"创作"界面，将素材拖动至时间线窗口的视频轨道内，保持素材为选中状态，打开"AI效果"面板，勾选"AI特效"复选框，从中选择一种风格，随后在"风格描述词"文本框中输入关键词。当然，也可以单击"随机"按钮，随机生成描述词，最后单击"生成"按钮，如图6-31所示。

图6-31　选择特效风格并输入关键词

Step 03 生成特效。剪映在经过处理后会生成四张效果图，如图6-32所示。

图6-32　效果图展示

Step 04 调整素材的处理强度。单击任意一张效果图中的![]按钮，打开"调整"面板，拖动"强度"滑块，可以调整算法结果。默认的强度参数值为"80%"，增大该参数值，可以让生成的效果图更接近描述词，而减小参数值则会让图片更接近原图。调整好参数后，需要单击"重新生成"按钮，如图6-33所示。若单击效果图中的![]按钮，则会以当前选中的效果为基础重新生成。

图6-33　调整素材的处理强度

Step 05 应用特效。系统随即重新生成四张效果图。选择一个要使用的特效，单击"应用效果"按钮，即可应用该特效，如图6-34所示。最后单击窗口右上角的"导出"按钮，将素材导出。

图6-34　应用特效效果

6.3.3 一键使用"AI玩法"

剪映的"AI玩法"是集成在移动端和电脑端的智能工具集，通过人工智能技术实现视频处理的自动化与创意化。用户可以在剪映的"AI效果"面板中选择不同的模板和效果，对素材进行个性化定制。这包括为静态图片添加运镜效果、为图片中的人物生成各种类型的写真、改变人物表情、改变人像的风格、人像变脸等，以满足多样化的创作需求。

启动计算机端剪映，进入创作界面，并将人像图片素材拖至轨道中，保持素材为选中状态。打开"AI效果"面板，勾选"玩法"复选框，可以看到运镜、AI写真、表情、分割、场景变换、人像风格、AI绘画等分类。用户可以根据需要打开某个分类，为所选素材中的人像应用效果，如图6-35所示。

图6-35　"AI玩法"选择

1. 一键换表情

在"AI效果"面板中的"玩法"组中选择"表情"分类，该分类包含梨涡笑、难过、酒窝笑、微笑四种表情，如图6-36所示。从中选择一种表情，即可为人像应用该表情。

图6-36　"表情"分类

素材中的原始人像效果如图6-37所示。应用"酒窝笑"表情的效果如图6-38所示。应用"难过"表情的效果如图6-39所示。

| 图6-37　原始人像效果 | 图6-38　应用"酒窝笑"表情的效果 | 图6-39　应用"难过"表情的效果 |

2. 智能扩图

智能扩图是一种利用人工智能技术和深度学习算法对图像进行扩充处理的技术。它通过分析原始图片的色彩、纹理、形状等特征，学习图像的风格和细节，然后运用这些学习到的信息来生成新的、扩充后的图像。这种技术能够在不改变图片原有特色和内容的前提下，极大提高图片的分辨率和清晰度，使扩充后的图片看起来更加自然和真实。

在"玩法"组中打开"AI绘画"分类，选择"智能扩图"选项，如图6-40所示。

智能扩图前后的对比效果如图6-41、图6-42所示。

图6-40　"AI绘画"分类

图6-41　智能扩图前　图6-42　智能扩图后

3. 立体相册

剪映"玩法"的"立体相册"具有三维动态展示功能，可以将图片素材中的人像从背景中分割出来，生成动态的立体相册效果。在剪映创作界面中导入素材后，在"AI效果"面板中的"玩法"组内选择"分割"分类，再选择"立体相册"选项，如图6-43所示。

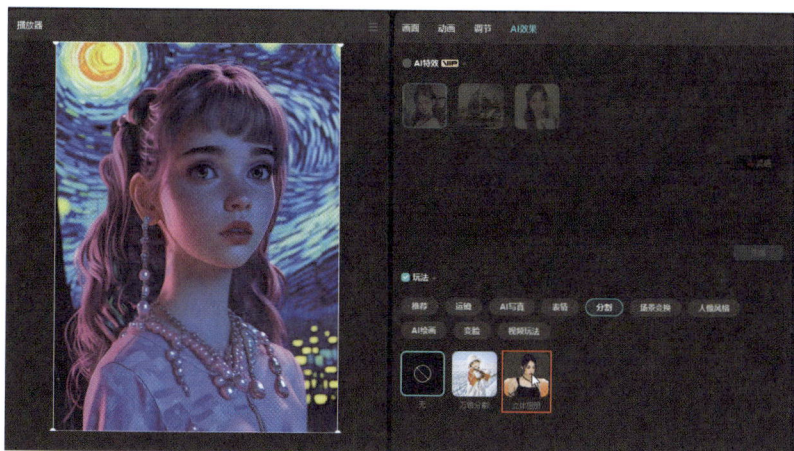

图6-43　选择"立体相册"选项

素材背景随即与人像自动分离，并向后倾倒，效果如图6-44所示。

图6-44　分离效果

4. AI写真

剪映的"AI效果"面板提供了很多"AI写真"模板。将包含人像的图片素材添加到视频轨道，并保持素材为选中状态，在"AI效果"面板中的"玩法"组内选择"AI写真"分类，如图6-45所示。单击某个写真选项，素材中的人像随即会应用该效果。

图6-45 "AI写真"分类

其中部分写真的应用效果如图6-46所示。

图6-46 部分写真的应用效果

6.4 即梦AI视频生成

即梦AI是一款生成式人工智能创作平台，支持通过自然语言及图片输入生成高质量的图像及视频；提供智能画布、故事创作模式等编辑能力，以及丰富的影像灵感和兴趣社区。借助这些功能，用户输入简单的提示词即可生成精彩的图片或视频，还可以对现有图片进行创意改造，自定义保留人物或主体的形象特征，实现背景替换、风格联想等操作。

6.4.1 图片生成视频模式

即梦AI的图片生成视频功能允许用户通过上传图片，生成高质量的动态视频，动态效果连贯、自然。其操作方法非常简单，下面介绍具体操作步骤。

Step 01 在首页中执行"视频生成"命令。登录即梦AI官网，在首页中单击左侧导航栏中的"视频生成"按钮，如图6-47所示，或在页面顶部的"AI视频"区域单击"视频生成"按钮。

图6-47　即梦AI官网首页

Step 02 熟悉视频生成界面。进入"视频生成"界面，在该界面中可以执行"图片生成"和"视频生成"操作，如图6-48所示。

图6-48　"视频生成"界面

Step 03 添加图片。在"图片生视频"选项卡中，将需要使用的图片拖动至"上传图片"区域。当该区域中的文字变成"拖拽上传图片"时，松开鼠标，如图6-49所示。

Step 04 生成视频。目前即梦AI默认使用"视频S2.0"视频模型，用户若有需要，也可以使用更高或更低的视频模型。单击"视频模型"按钮，在展开的列表中可选择所需的视频模型。设置完成后，单击"生成视频"按钮，系统随即开始根据上传的图片生成视频，窗口中会显示生成进度，如图6-50所示。

Step 05 预览视频效果。视频生成后，在视频预览区域，将鼠标指针移动到视频画面中即可预览视频效果，通过视频底部提供的按钮，可以执行重新编辑、再次生成、发布、对口型、补帧、提升分辨率、配备景乐等操作，如图6-51所示。

Step 06 全屏播放。单击视频右下角的■按钮，可以切换至全屏播放模式，可以看到视频中的人物眨眼，发丝飞舞，鲜花在摇动，空中有花瓣在飞舞，如图6-52所示。

图6-49　添加图片

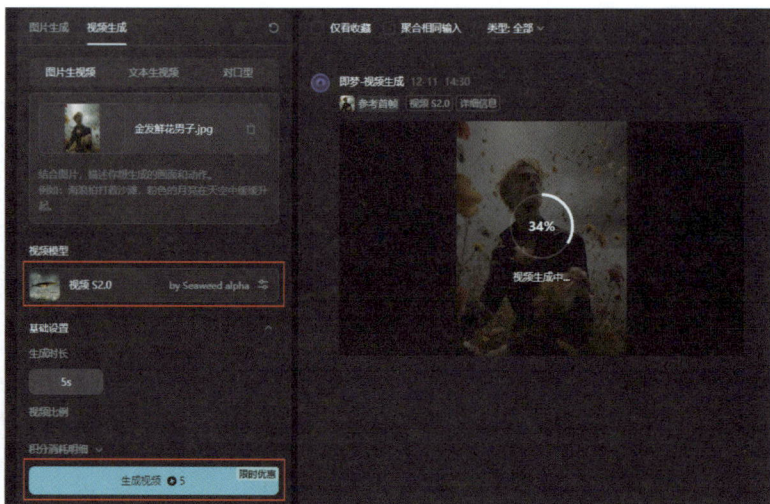

图6-50　生成视频

图6-51　预览视频效果

图6-52　全屏播放

6.4.2　文字描述转换成视频

"文本生视频"能够根据用户提供的文字指令和各种参数，生成高质量的视频。用户只需输入一段描述文字，再选择模型（如即梦通用V2.0 beta版）和视频比例，等待数秒后即可生成视频。

Step 01　输入文本并选择参数。登录即梦AI官网，进入"视频生成"界面。切换至"文本生视频"选项卡。在文本框中输入文字描述，并选择好视频模型及视频比例，单击"生成视频"按钮，如图6-53所示，稍作等候即可生成一段视频。

Step 02 执行再次生成视频命令。视频生成后，先浏览视频，若对当前生成的视频不满意，可以单击视频左下角的 ![icon] 按钮，如图6-54所示。

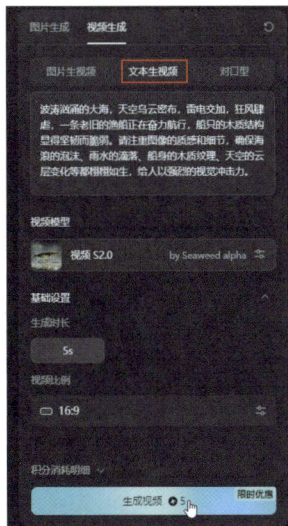

图6-53　输入文本并选择参数

图6-54　再次生成视频

Step 03 重新生成视频。系统随即重新生成一段视频。另外，也可以单击 ![icon] 按钮，在"文本生视频"选项卡中对描述词、视频模型和视频比例进行修改，然后重新生成视频，如图6-55所示。

图6-55　重新生成视频

Step 04 全屏播放视频。单击 ![icon] 按钮，以全屏模式预览视频播放效果，如图6-56所示。

图6-56　全屏模式预览视频

6.4.3 根据画面自动生成配乐

即梦AI为用户提供了"AI配乐"便捷创作工具。该功能允许用户在生成视频后，通过简单操作，自动为视频匹配合适的背景音乐，从而节省了用户寻找和编辑音乐的时间，使视频作品更具专业感，提升了整体观赏性。

Step 01 打开"AI配乐"面板。使用即梦AI生成视频后，单击视频右下角的 🎵 "AI配乐"按钮，界面左侧会打开"AI配乐"面板，如图6-57所示。

Step 02 根据画面配乐。"AI配乐"面板包含"根据画面配乐"和"自定义AI配乐"两个单选项，此处使用默认的"根据画面配乐"，单击"生成AI配乐"按钮，如图6-58所示，系统随即根据当前视频画面自动生成三首配乐。

图6-57 "AI配乐"面板

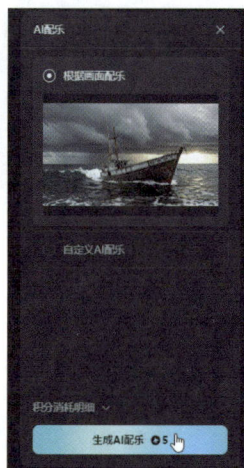

图6-58 根据画面配乐

Step 03 试听配乐。在视频下方显示"配乐1""配乐2"和"配乐3"三个按钮，单击按钮可以对音乐进行试听，如图6-59所示。

图6-59 配乐试听

6.4.4 根据配音对口型

即梦AI的对口型功能能够精准捕捉人物的嘴部动作，在生成的视频中，人物的口型与配音高度同步，观感自然，仿佛虚拟人物在真实地说话一般。用户只需上传人物图片或视频，输入或上传配音内容，即可自动生成对口型视频，无须复杂的设置或专业的动画制作技能。

Step 01 打开"对口型"选项卡。登录即梦AI官网，单击"视频生成"按钮，进入视频生成界面。切换到"对口型"选项卡，如图6-60所示。

Step 02 导入角色图片。单击"导入角色图片/视频"按钮，在展开的列表中选择"从本地上传"选项，如图6-61所示。在随后打开的对话框中选择要使用的图片，将其导入即梦AI。

Step 03 输入文本并选择"朗读音色"。图片导入成功后，在"文本朗读"文本框中输入角色要朗读的文本内容。随后单击"朗读音色"按钮，系统提供了多种音色供用户选择，用户可以根据视频的风格和人物特点选择合适的音色，如图6-62所示。

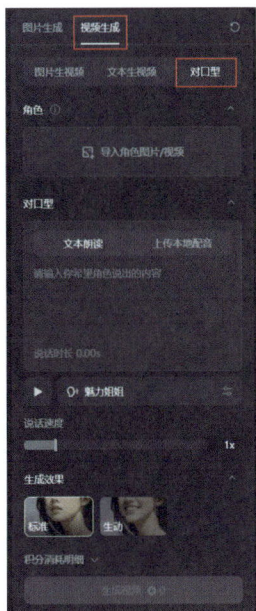

图6-60　"对口型"选项卡　　　图6-61　导入角色图片　　　图6-62　输入文本并选择"朗读音色"

Step 04 设置语速和生成效果。生成效果包括"标准"和"生动"两种模式。"标准"模式可以修改口型以及小幅度的面部表情，适用于演讲、对白等场景。"生动"模式可以生成更丰富的面部动作，适用于唱歌、表演等场景。用户可根据需要进行设置，如图6-63所示。

Step 05 生成对口型视频。单击"生成视频"按钮，稍作等待后，即可根据角色图片和设置的参数生成对口型视频，如图6-64所示。

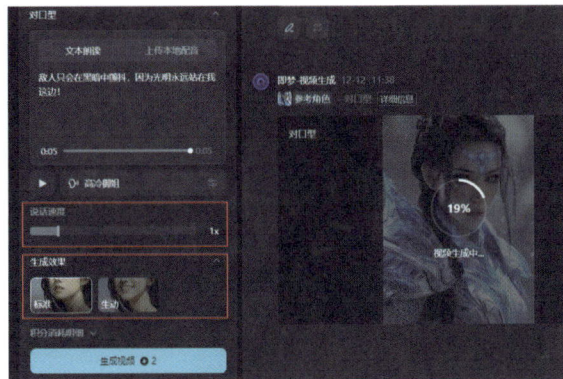

图6-63　设置说话速度和生成效果　　　　图6-64　生成对口型视频

Step 06 查看视频效果。预览视频，查看由图片生成的对口型视频效果。视频中的人物除了口型与配音相匹配，面部表情也会有所变化，如眨眼、头部轻微晃动等，如图6-65所示。

图6-65　查看视频效果

6.4.5　下载和发布视频

生成满意的视频后，可将视频保存到本地或直接发布到个人主页。下载和发布视频的方法十分简单，下面进行详细介绍。

Step 01 下载或发布视频。将鼠标指针移动到视频画面中，视频右上角会显示一排按钮，单击 按钮可以下载视频，单击 按钮可以发布视频，如图6-66所示。

Step 02 发布视频。若是发布视频，则单击 按钮后会打开"发布作品"对话框，在文本框中输入作品描述词，单击"发布"按钮，如图6-67所示，即可发布视频。

图6-66　下载或发布视频界面

图6-67　发布视频

Step 03 查看发布的作品。返回首页，在页面左侧单击"个人主页"按钮，可以查看所有发布过的作品，如图6-68所示。

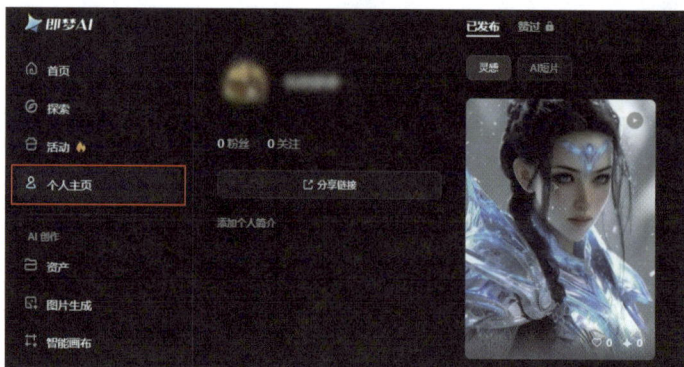

图6-68　查看发布的作品

6.5　知识拓展——用数字人为视频播音

在计算机版剪映中，用户可以通过简单的文本输入，自动生成带有表情、动作和语音的数字人视频，为视频创作增添更多趣味性和互动性。下面介绍具体操作方法。

Step 01 添加视频素材。启动计算机版剪映，在首页中单击"开始创作"按钮，打开"创作"界面。打开存储视频的文件夹，按住Ctrl键，依次选中所需的多个视频素材，随后将所选素材向剪映的"时间线"窗口中拖动，松开鼠标后，选中的视频素材即被添加到视频轨道中，如图6-69所示。

图6-69　添加视频素材

Step 02 可以调整视频素材顺序。若对素材的播放顺序不满意，可以在轨道中选择要调整播放顺序的某个素材，按住鼠标左键将其拖动至合适的位置，如图6-70所示。

图6-70　视频素材顺序调整

Step 03 添加"默认文本"素材。保持时间轴定位于轨道的起始位置，在窗口左侧的素材区中打开"文本"面板，单击"默认文本"上方的 按钮，向时间线窗口中添加一个文本素材，如图6-71所示。

Step 04 输入文案。保持文本素材为选中状态，在窗口右侧功能区中的"文本"面板内输入文案内容，如图6-72所示。

图6-71　添加"默认文本"素材

图6-72　输入文案内容

Step 05 添加数字人。保持文本素材为选中状态，在功能区中打开"数字人"面板，选择一个声音和形象合适的数字人，单击"添加数字人"按钮，如图6-73所示。

图6-73　添加数字人

Step 06 生成数字人。剪映随即对文案内容进行分析和处理，短暂等待后便可生成数字人，其会对文案进行自动朗读，如图6-74所示。

Step 07 删除文本素材。在"时间线"窗口中选择文本素材，在工具栏中单击"删除"按钮，如图6-75所示，将其删除。

图6-74 生成数字人

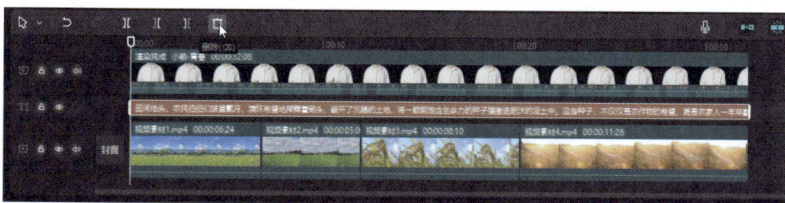

图6-75 删除文本素材

Step 08 调整数字人的大小和位置。在播放器窗口中选择数字人，拖动四个边角处的任意一个圆形控制点可以调整数字大小，将鼠标指针移动到数字人上方，按住鼠标左键进行拖动，将其移动到视频的合适位置，如图6-76所示。

Step 09 调整音量。选中数字人后，通过功能区的各项面板，可以对数字人的形象、文案、画面效果、音频效果等进行设置。此处打开"音频"面板，拖动"音量"滑块，适当调整音量，如图6-77所示。

图6-76 调整数字人的大小和位置

图6-77 调整音量

Step 10 根据语音识别字幕。在"时间线"窗口中右击数字人素材，在弹出的快捷菜单中选择"识别字幕/歌词"选项，如图6-78所示。

图6-78　根据语音识别字幕

Step 11　自动生成字幕。视频中随即自动生成字幕。字幕和语音的位置会自动匹配，无须用户再手动调整，如图6-79所示。

图6-79　自动生成字幕

Step 12　预览视频。最后预览视频，查看数字人播音的效果，如图6-80所示。

图6-80　预览视频

第 **7** 章
AIGC
辅助编程

编程是一项复杂且极具挑战性的活动，但借助AIGC工具，这项工作将变得轻而易举。比如，使用实现智能代码补全、错误检测、自动化测试等功能，更高效地解决问题并完成任务。这些功能不仅提升了开发效率，还降低了编程的门槛，使更多的人能够参与软件开发。本章将介绍如何利用AIGC进行辅助编程，以提高用户的编程效率。

7.1　AIGC辅助编程概述

AIGC辅助编程是指利用人工智能技术支持和增强软件开发过程的实践。通过分析海量代码、深度学习编程模式并应用先进的智能算法，AIGC辅助工具能够显著提升程序员在代码编写、调试和优化过程中的效率与准确性。本节将对AIGC辅助编程进行介绍。

7.1.1　AIGC辅助编程的特点

AIGC辅助编程在现代软件开发中扮演着极为重要的角色，它具备的高效性、智能性、准确性等特点，能够显著提升开发者的生产力和代码质量，优化开发流程，并加速软件交付。下面对AIGC辅助编程的特点进行介绍。

1. 高效性

AIGC辅助编程显著提升了开发速度和生产力。通过自动生成代码片段，AIGC工具能够减少手动编写的时间，使开发者迅速插入常用的代码结构或功能。此外，AIGC可以自动处理一些重复和烦琐的任务，如代码格式化、重构和文档生成等，从而释放开发者的时间，让他们专注于更具创造性的工作。

AIGC工具还具备快速识别和定位代码错误的能力，能够自动生成测试用例，加速调试和测试过程。这种高效的错误检测和修复机制进一步提升了整体开发效率，在确保代码质量的同时，帮助开发者更快地实现项目目标。总之，AIGC辅助编程通过优化开发流程，极大提高了开发者的工作效率和创造力。

2. 智能性

AIGC辅助编程具备强大的智能性，能够为开发者提供上下文相关的智能建议和个性化支持。通过分析当前代码的上下文，AIGC工具可以智能补全代码，快速找到所需的函数或库，从而减少查找文档的时间。

此外，许多AIGC工具具备机器学习能力，能够根据开发者的编码风格和习惯进行自我调整，提供个性化建议。AIGC还可以在开发过程中实时分析代码，提供即时反馈，帮助开发者及时纠正错误并优化代码结构。这些功能显著提高了开发效率，减少了重复性工作，并加速了新手的学习过程。

3. 准确性

AIGC工具能够实时检测代码中的语法错误、逻辑错误和潜在的安全漏洞，并提供具体的修复建议，这种及时的反馈机制显著提高了代码的准确性和可靠性。同时，AIGC可以根据行业标准和最佳实践对代码进行审查，提供改进建议，帮助开发者编写高质量代码。AIGC工具还能够确保代码风格和结构的一致性，减少人为因素导致的错误，进一步提升整体代码质量。

4. 可扩展性

AIGC辅助编程工具通常支持多种编程语言和框架，使开发者无须学习不同工具的操作，就能够在不同项目中灵活使用。这种多语言支持和框架兼容性使AIGC工具能够根据特定框架的特性提供优化建议，帮助开发者更高效地构建应用。

通过这种可扩展性，开发者可以专注于项目本身，而不必担心工具的限制，从而提升整体工作效率。AIGC工具的广泛适用性使得开发者能够快速适应不同的开发环境，进一步增强了其在实际开发中的价值。

5. 协作能力

AIGC工具提供代码审查功能，帮助团队成员相互审查代码，确保代码质量并减少错误。此外，AIGC还可以整理和分享团队中的最佳实践和经验，促进知识的传播，提高团队整体的开发能力。通过这些功能，AIGC工具不仅提升了代码的质量，还增强了团队成员之间的协作，推动了持续学习和技能提升，从而提升了团队的整体效率和创新能力。

6. 自然语言处理能力

AIGC的自然语言处理能力为开发者提供了更直观的操作体验，使编程变得更加易于接触和学习。使用AIGC辅助编程工具时，开发者可以通过自然语言进行指令查询和编码，降低了技术门槛，使非专业开发者也能轻松参与编程。AIGC还能够理解开发者的需求，并自动生成代码文档，通过自然语言处理技术提供相关文档和示例，从而帮助开发者更好地理解代码。

7. 持续学习与适应性

AIGC辅助编程工具通过分析大量代码和开发模式，不断学习和适应新的编程趋势及技术，确保其建议和功能始终处于前沿。许多AIGC工具还利用用户反馈和社区贡献进行持续改进，积极吸纳开发者的意见和建议，从而增强工具的实用性和有效性。这种动态学习和适应能力使AIGC工具能够更好地满足开发者的需求，提升开发效率，并确保工具始终与行业标准保持一致。通过不断优化，AIGC辅助编程工具为开发者提供了更精准的支持，帮助他们在快速变化的技术环境中保持竞争力。

7.1.2　AIGC辅助编程的局限性

尽管AIGC辅助编程具有许多显著优势，但在使用过程中也不可忽视其自身的局限性，具体如下。

1. 上下文感知不足

AIGC工具在理解代码上下文方面仍然存在局限性，尽管它们可以分析单个代码片段，但往往无法准确把握项目的整体架构、业务逻辑或特定的开发环境。这种缺乏上下文感知可能导致生成的代码或建议不符合实际需求，甚至引入潜在的错误。

2. 缺乏创造性

AIGC通常基于现有数据进行学习，难以提出真正创新的解决方案或独特的设计思路。这意味着在面对新问题或需要创新思维的场景时，AIGC可能无法提供有效的支持。

3. 错误和偏差

受训练数据中的偏差，或模型在特定情境下的误判影响，AIGC工具可能会生成错误的代码或不符合最佳实践的建议。另外，由于AIGC的输出通常是基于概率的，开发者必须对生成的内容进行仔细审查，以确保其准确性和有效性。

4. 依赖高质量的训练数据

AIGC的性能高度依赖所使用的训练数据。若训练数据质量差或不够全面，AIGC输出的内容也会受到影响。

5. 安全性和合规性

自动生成的代码可能存在安全漏洞，尤其在处理敏感数据或特定行业数据时，AIGC工具可能面临安全性和合规性的问题。因此，开发者必须确保所使用的AIGC工具符合相关法规和安全标准，以避免潜在的法律和安全风险。

7.2　编程基础

编程是一个兼具创造性和逻辑性的过程，支持开发者创造出各种实用和有趣的程序。随着AIGC工具的普及，初学者也能够轻松参与这一过程，借助这些工具的辅助，快速上手编程，提升学习效率和创造力。

7.2.1　编程语言简介

编程语言是一种人工设计的用于编写计算机程序的语言，它提供了一套明确的规则和语法结构，使开发者能够以计算机能够理解的方式向其发出指令，从而执行特定的任务、处理数据或解决特定的问题。通过编程语言，开发者可以有效地与计算机沟通，实现各种功能和应用。常用的编程语言包括C语言、Python等，下面对此进行介绍。

1. C语言

C语言是一门面向过程的计算机编程语言，最初用于开发UNIX操作系统。它由丹尼斯·里奇在B语言的基础上发展而来，兼顾了高级语言和汇编语言的优点。C语言广泛应用于计算机系统设计、嵌入式系统以及应用程序的编写等领域。C语言具有以下主要特点。

● 低级操作能力：C语言赋予了程序员直接操作内存的能力，通过指针机制实现精细的内存管理。这种能力使程序员能够精确控制数据的存储和访问，特别适合系统编程和嵌入式开发。

● 高效性：C语言编译后生成的程序执行速度非常快，接近于汇编语言。这种高效性特质使其成为开发操作系统、驱动程序以及高性能应用程序的理想选择。

● 简洁性与灵活性：C语言的语法简洁明了，使程序员能够用较少的代码实现复杂功能。这种简洁性不仅使C语言易于学习和使用，还为开发者提供了更大的灵活性。

● 强类型系统：C语言是强类型语言，变量在使用前必须声明类型，编译器会在编译时进行类型检查。这一特性提高了代码的安全性和可维护性，并减少了运行时错误的发生。

● 可移植性：因标准化的语法和丰富的编译器支持，C语言展现出卓越的可移植性。只需进行少量调整，程序就可以在不同的操作系统和硬件上顺利运行，这使得C语言在跨平台开发中广受欢迎。

● 丰富的标准库：C语言提供了一套丰富的标准库，涵盖输入输出、字符串处理、数学计算等功能，极大简化了开发过程。

● 灵活的内存管理：C语言支持手动管理内存（使用malloc、calloc、free等函数），为需要高效内存使用的应用提供了精细控制的能力。

● 基础语言地位：C语言是许多现代编程语言（如C++、C#、Java等）的基础，学习C语言有助于理解其他编程语言的基本概念和设计思想。

● 广泛应用于系统编程：C语言被广泛应用于操作系统、嵌入式系统和驱动程序的开发，源于其能够直接与硬件交互并提供高效的性能。

用户可以通过AIGC工具辅助生成C语言代码，例如，利用文心一言生成C语言代码，以实现斐波那契数列的计算。

示例：我希望利用C语言来开发一个程序，该程序能够计算并输出斐波那契数列的数值。

文心一言生成内容如下。

当然可以。以下是一个使用C语言编写的程序，它计算并输出斐波那契数列中指定位置的数值。这里我采用了迭代的方法，因为它比递归方法在计算较大数值时更加高效。

```c
#include <stdio.h>

// 函数声明
int fibonacci(int n);

int main() {
    int n;
    printf("请输入斐波那契数列的位置（n >= 0）: ");
    scanf("%d", &n);
```

```
// 检查输入是否有效
if (n < 0) {
    printf("输入无效，位置必须是非负整数。\n");
    return 1; // 非零返回值表示程序异常结束
}

// 计算斐波那契数列
int result = fibonacci(n);

// 输出结果
printf("斐波那契数列中第 %d 项的数值是 %d\n", n, result);

return 0; // 零返回值表示程序正常结束
}

// 计算斐波那契数列的函数实现
int fibonacci(int n) {
    if (n == 0) {
        return 0;
    } else if (n == 1) {
        return 1;
    } else {
        int a = 0, b = 1, c;
        for (int i = 2; i <= n; i++) {
            c = a + b;
            a = b;
            b = c;
        }
        return b;
    }
}
```

这个程序首先提示用户输入一个非负整数n，然后调用fibonacci函数来计算斐波那契数列中第n项的数值，并将结果输出到控制台。如果输入的n是负数，程序将输出一条错误消息并异常结束。

你可以将这段代码复制到你的C语言编译器或集成开发环境（IDE）中，然后编译并运行它。在程序提示时输入一个非负整数，你将看到相应的斐波那契数值被打印出来。

2. Python

Python是由吉多·范罗苏姆于1991年发布的一种高级编程语言。凭借简洁的语法、高效的数据结构和强大的功能，Python赢得了开发者的广泛青睐。它适用于多种应用场景，包括Web开发、数据分析与科学计算、人工智能、自动化脚本和网络爬虫等。以下是Python的主要特点。

● 简单易学：Python的语法设计直观且接近自然语言，使得初学者能够快速上手。清晰的结构和简洁的语法规则降低了学习门槛，让开发者能够专注于编程逻辑，而非复杂的语法细节。

- 解释型语言：Python代码在运行之前无须进行显式编译。Python解释器会将源代码转换为字节码，然后将字节码翻译成计算机可执行的机器语言运行。这一过程使得Python具备了快速开发和即时反馈的优势，便于开发者进行调试和测试。
- 动态类型：Python是动态类型语言，变量的类型在运行时确定。开发者无须在代码中声明变量类型，这种灵活性使得代码更加简洁，并适合快速原型开发和迭代。
- 丰富的标准库和第三方库：Python自带一个庞大的标准库，覆盖了文件处理、网络编程、数据解析等多种基本功能。此外，其生态系统还包括众多第三方库，如NumPy（用于数值计算）、Pandas（用于数据处理与分析）、Django（用于Web开发）和Flask（用于轻量级Web应用）。这些库极大扩展了Python的功能，使开发者能够迅速构建复杂且高效的应用。
- 跨平台兼容性：Python能够在多种操作系统上运行，包括Windows、macOS和Linux。这种跨平台特性使得Python程序可以轻松迁移和部署，增强了应用的可移植性，便于在不同环境中开发和测试。
- 面向对象：Python支持面向对象编程（Object-Oriented Programming，OOP），允许开发者使用类和对象来组织代码。这种编程范式促进了代码的重用性和模块化，使大型项目的开发和维护变得更加高效。

用户可以通过AIGC工具辅助生成Python代码，例如，利用文心一言生成Python代码，以实现计时器效果。

示例：我想开发一个具有图形用户界面（GUI）的Python计时器程序。程序应以窗口形式显示，包含一个输入框供用户输入正整数作为计时的秒数。窗口应有"开始"和"停止"按钮，用户单击"开始"后开始倒计时，单击"停止"则停止计时。倒计时应实时显示在窗口中，以"MM:SS"格式更新。当倒计时结束时，窗口应弹出提示信息，显示"时间到!"。程序还需处理无效输入，并提供一个"退出"按钮以关闭程序。

文心一言生成内容如下。

要开发一个具有图形用户界面（GUI）的Python计时器程序，你可以使用tkinter库，这是Python标准库中的一个模块，用于创建图形用户界面。以下是一个完整的示例代码，展示了如何实现你描述的功能。

```python
import tkinter as tk
from tkinter import messagebox
import threading

class TimerApp:
    def __init__(self, root):
        self.root = root
        self.root.title("计时器")

        self.time_left = 0
        self.running = False
        self.timer_thread = None
```

```python
        self.label_var = tk.StringVar()
        self.label_var.set("00:00")

        self.create_widgets()

    def create_widgets(self):
        # 输入框
        self.entry = tk.Entry(self.root, width=5)
        self.entry.grid(row=0, column=0, padx=10, pady=10)

        # "开始" 按钮
        self.start_button = tk.Button(self.root, text="开始", command=self.start_timer)
        self.start_button.grid(row=0, column=1, padx=10, pady=10)

        # "停止" 按钮
        self.stop_button = tk.Button(self.root, text="停止", command=self.stop_timer)
        self.stop_button.grid(row=0, column=2, padx=10, pady=10)

        # 显示倒计时的标签
        self.time_label = tk.Label(self.root, textvariable=self.label_var, font=("Helvetica", 24))
        self.time_label.grid(row=1, column=0, columnspan=3, pady=20)

        # "退出" 按钮
        self.exit_button = tk.Button(self.root, text="退出", command=self.root.quit)
        self.exit_button.grid(row=2, column=0, columnspan=3, pady=10)

    def start_timer(self):
        try:
            self.time_left = int(self.entry.get())
            if self.time_left <= 0:
                raise ValueError("请输入一个正整数")
        except ValueError as e:
            messagebox.showerror("输入错误", f"无效输入: {e}")
            return

        if self.running:
            self.stop_timer()

        self.running = True
        self.update_clock()
        self.timer_thread = threading.Thread(target=self.countdown)
        self.timer_thread.start()
```

```python
    def stop_timer(self):
        self.running = False
        if self.timer_thread:
            self.timer_thread.join()

    def countdown(self):
        while self.running and self.time_left > 0:
            minutes, seconds = divmod(self.time_left, 60)
            self.label_var.set(f"{minutes:02}:{seconds:02}")
            self.time_left -= 1
            time.sleep(1)

        if self.time_left <= 0 and self.running:
            self.running = False
            messagebox.showinfo("时间到！", "时间到！")

    def update_clock(self):
        if self.running:
            self.root.after(1000, self.update_clock)

if __name__ == "__main__":
    import time

    root = tk.Tk()
    app = TimerApp(root)
    root.mainloop()
```

代码说明：

导入必要的模块：

• tkinter 用于创建 GUI。

• messagebox 用于显示错误和提示信息。

• threading 用于在后台运行倒计时，避免阻塞主 GUI 线程。

定义 TimerApp 类：

• 初始化方法 __init__：设置窗口标题，初始化计时器变量，并创建 GUI 组件。

• create_widgets 方法：创建输入框、"开始"按钮、"停止"按钮、显示倒计时的标签和"退出"按钮，并将它们布局在窗口中。

• start_timer 方法：验证输入，启动计时器线程。

• stop_timer 方法：停止计时器线程。

• countdown 方法：在后台线程中执行倒计时逻辑，并更新标签显示。

• update_clock 方法：用于每秒更新标签显示（仅在计时器运行时调用）。

主程序：

• 创建 Tk 根窗口实例。

- 创建 TimerApp 实例。
- 进入 mainloop 以运行 GUI。

注意事项：
- 倒计时逻辑在后台线程中运行，以避免阻塞主 GUI 线程，从而保持 GUI 的响应性。
- 使用 StringVar 来动态更新标签显示。
- 提供了输入验证，确保用户输入的是正整数。
- 使用了 messagebox 来显示错误信息和提示信息。

运行此代码，你将得到一个功能齐全的计时器应用程序。

运行上述Python代码，效果如图7-1所示。倒计时结束后将弹出提示框，如图7-2所示。

图7-1　计时器　　图7-2　"时间到！"提示框

3. JavaScript

JavaScript是一种动态的编程语言，广泛应用于网页开发等领域。作为Web开发的核心技术之一，JavaScript能够实现丰富的动态交互和用户体验效果。它不仅支持表单验证、动画效果和动态内容更新等常见功能，还能与HTML5和CSS3等技术紧密结合，创建高度互动和响应式的Web应用程序。JavaScript具有以下主要特点。

- 动态类型：JavaScript是一种动态类型语言，变量的类型在运行时确定。这一特性为开发者提供了处理不同类型数据的灵活性，但也可能因为缺乏类型检查而在运行时导致类型相关的错误。因此，开发者需要特别注意类型安全和代码的可读性。

- 事件驱动：JavaScript支持事件驱动编程模型，能够响应用户的各种操作（如鼠标单击、键盘输入等），从而允许网页动态更新内容和界面。

- 异步编程：JavaScript支持异步编程，通过回调函数（callbacks）、Promise对象以及async/await语法等机制，能够高效处理网络请求、定时器操作和其他耗时任务，而不会阻塞用户界面的正常交互。

- 基于原型的面向对象：JavaScript采用原型继承的方式，允许对象直接从其他对象继承属性和方法。这种机制提供了灵活的代码复用和扩展能力。

- 跨平台性：JavaScript是一种支持多种环境的编程语言，可以在Web浏览器、服务器（如Node.js）、移动设备和桌面应用程序等环境中运行，并展现出色的性能。

用户可以通过AIGC工具辅助生成JavaScript代码。例如，利用文心一言生成JavaScript代码，以实现在网页中显示当前日期和时间的功能。

示例：功能描述：生成一个可以在网页上显示当前日期和时间的JavaScript代码。
输入要求：无。
输出要求：在网页上显示格式为'YYYY-MM-DD HH:mm:ss'的当前时间。
环境要求：代码将在Web浏览器中运行。
特性：时间每秒自动更新，使用setInterval函数。

文心一言生成内容如下。

以下是一个满足您要求的JavaScript代码示例，该代码将在网页上显示格式为'YYYY-MM-DD HH:mm:ss'的当前时间，并且时间每秒都会自动更新。代码将在Web浏览器中运行，并使用setInterval函数来实现时间更新。

```html
html
<!DOCTYPE html>
<html lang="en">
<head>
    <meta charset="UTF-8">
    <meta name="viewport" content="width=device-width, initial-scale=1.0">
    <title>实时时间显示</title>
    <style>
        #timeDisplay {
            font-size: 2em;
            font-family: Arial, sans-serif;
            text-align: center;
            margin-top: 50px;
        }
    </style>
</head>
<body>
    <div id="timeDisplay"></div>

    <script>
        function getCurrentTime() {
            const now = new Date();
            const year = now.getFullYear();
            const month = String(now.getMonth() + 1).padStart(2, '0'); // 月份从0开始，需要加1并补0
            const day = String(now.getDate()).padStart(2, '0'); // 补0
            const hours = String(now.getHours()).padStart(2, '0'); // 补0
            const minutes = String(now.getMinutes()).padStart(2, '0'); // 补0
            const seconds = String(now.getSeconds()).padStart(2, '0'); // 补0
            return `${year}-${month}-${day} ${hours}:${minutes}:${seconds}`;
        }

        function updateTime() {
            const timeDisplay = document.getElementById('timeDisplay');
            timeDisplay.textContent = getCurrentTime();
        }

        // 初始化显示时间
        updateTime();
```

```
        // 每秒更新一次时间
        setInterval(updateTime, 1000);
    </script>
</body>
</html>
```

代码说明：

HTML部分：

* *创建一个div元素，其id为timeDisplay，用于显示当前时间。*

CSS部分：

* *为#timeDisplay元素设置一些基本的样式，如字体大小、字体家族、文本对齐方式和上边距。*

JavaScript部分：

* *getCurrentTime函数：获取当前时间，并将其格式化为'YYYY-MM-DD HH:mm:ss'的字符串。*
* *updateTime函数：获取timeDisplay元素，并将其文本内容设置为当前时间。*
* *初始化时调用updateTime函数以显示时间。*
* *使用setInterval函数每秒调用一次updateTime函数，以更新显示的时间。*

将此代码保存为一个.html文件，并在Web浏览器中打开，即可看到格式化的当前时间，并且时间每秒都会自动更新。

预览效果如图7-3所示。

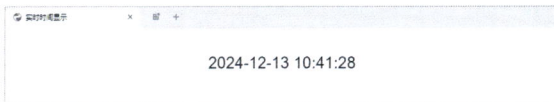

图7-3 网页实时时间显示

7.2.2 编程环境的搭建

编程环境是指为开发和运行计算机程序而配置的一系列软硬件资源的集合，涵盖操作系统、编程语言工具、开发工具及其他辅助资源。

（1）操作系统（Operating System, OS）是计算机系统的基石，负责管理和协调硬件资源（如CPU、内存等），并提供一个稳定、高效的应用程序执行环境。它通过抽象层简化了硬件复杂性，确保应用程序能够安全、有序地访问资源。操作系统还提供用户界面，支持用户与计算机互动，并具备多任务处理能力，允许多个程序并行运行。常见的操作系统有Windows、macOS和Linux。

（2）编程语言工具是编程过程中的核心组件，包括解释器和编译器。解释器（如Python和Ruby的解释器）逐行读取并执行源代码，便于快速开发和调试。编译器（如GCC用于C/C++，javac用于Java）则在运行前将源代码转换为机器码或字节码，通常能生成更高效的执行文件，适用于静态类型语言，提供强大的类型检查和编译时优化。此外，库和框架提供了丰富的预定义功能，助力开发者高效构建应用程序。

（3）开发工具是编程过程中的重要辅助软件，包括集成开发环境（Integrated Development Environment, IDE）和文本编辑器。IDE（如Visual Studio Code和Eclipse）集成了代码编辑、调试、版本控制等功能，适合复杂开发任务。文本编辑器（如Sublime Text和Notepad++）则以简洁、快速的特点，适合轻量级编辑需求。此外，版本控制系统（如Git）管理代码版本，促进团队协作；调试工具（如Chrome DevTools和GDB）帮助开发者定位并修复代码错误。

（4）其他相关资源包括支持开发过程的工具和服务。稳定的网络连接便于下载、进行远程协作和访问在线资源。存储设备（SSD、HDD及云存储服务如Google Drive）用于安全存储源代码和项目文件。文档和学习资源（如Stack Overflow和MDN Web Docs）为开发者提供技术支持和学习材料，助力他们解决问题、提升技能并紧跟行业动态。

编程环境的搭建是软件开发过程中的重要环节，涉及多个方面的配置和准备工作。下面以Python3在Windows中的编程环境搭建为例进行说明。

1. 下载Python安装包

访问Python网站，根据操作系统类型下载安装文件，如图7-4所示。

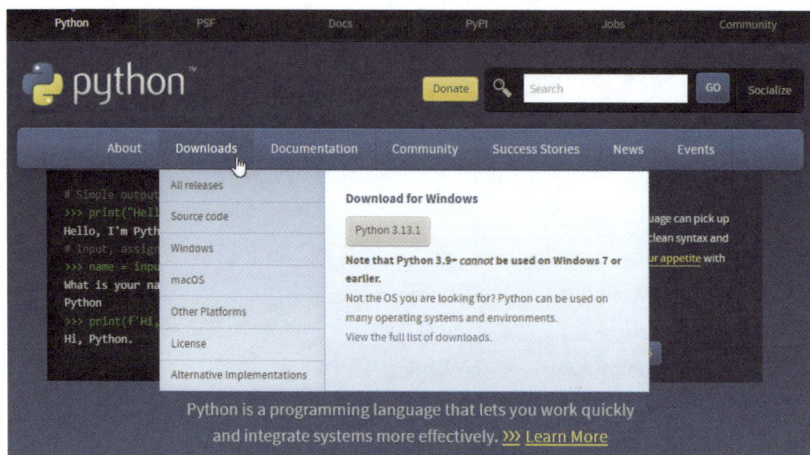

图7-4　Python网站下载界面

2. 安装Python

下载完成后，双击下载的安装包，启动安装程序，根据提示进行操作，直至安装完成。

3. 验证Python

按Win+R组合键打开"运行"对话框，输入"cmd"打开命令提示符窗口，在其中输入"python"后按Enter键，验证Python是否安装成功。如果出现图7-5所示的信息，则表明安装成功，图中显示的内容如下。

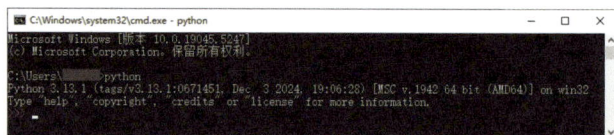

图7-5　Python安装成功

- Python 3.13.1：表示安装的Python版本是3.13.1。
- (tags/v3.13.1:0671451, Dec 3 2024, 19:06:28)：这是Python版本的构建信息，显示了版本的标签和构建日期。
- [MSC v.1942 64 bit (AMD64)]：表示安装的是64位的Python版本，适用于AMD64架构。
- on win32：表示用户正在Windows 32位或64位操作系统上运行Python。

4. 选择并安装IDE或文本编辑器

选择合适的集成开发环境（IDE）或文本编辑器，可以帮助开发人员提高生产力。下面以Jupyter Notebook为例介绍安装步骤。

Step 01 在系统的命令提示符窗口中输入"pip3 install Jupyter"，安装Jupyter Notebook。

Step 02 完成后，在命令提示符窗口中输入"jupyter notebook"，启动Jupyter Notebook。

Step 03 保持Jupyter Notebook在命令提示符窗口中运行，同时自动打开浏览器，如图7-6所示。从中单击右上角的New按钮，在下拉列表中选择Python 3（ipykernel）创建文件后，在窗口中输入Python代码并运行即可。

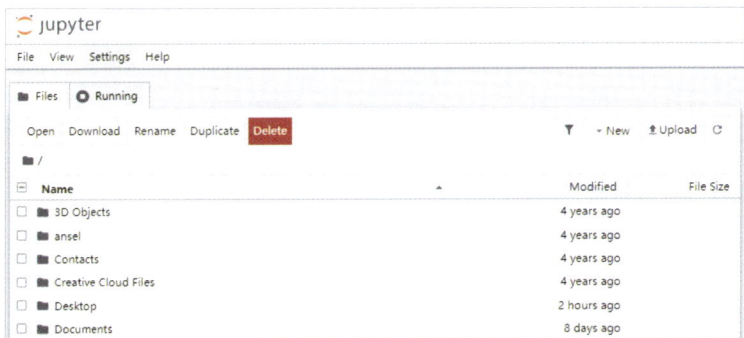

图7-6　提示符窗口界面

7.2.3　编程的基本步骤

编程过程涉及多个关键步骤，从需求分析到部署发布，每个步骤都至关重要。下面对编程的基本步骤进行介绍。

1. 需求分析

在需求分析阶段，开发者需要明确项目目标，通过与客户和团队成员的深入沟通，全面识别和定义相关的功能与非功能需求，确保所有相关方的期望得到充分理解与认可。之后，这些需求将被系统地整理成文档，为后续的开发工作提供清晰的参考和验证依据，从而确保项目始终沿着既定的方向和目标顺利推进。

2. 设计

设计阶段是确定系统架构的关键环节。在这一阶段，开发者不仅要确定整体系统架构，还要选择合适的技术栈和工具，以确保系统的稳定性和效率。此外，设计阶段还包括模块划分，将系统拆分为不同模块，并明确每个模块的功能和接口。同时，开发者需要选择或设计解决特定问题的算法，以确保系统能够高效地实现预期目标。这些工作为后续的编码、测试和部署等阶段奠定了坚实的基础，从而确保整个系统开发过程顺利进行。

3. 编码

编码阶段是将理论付诸实践的过程。在这一阶段，开发者需要根据项目需求选择合适的编程语言和工具，按照设计规范和要求编写源代码。同时，开发者还应在代码中添加必要的注释，并制作相关文档，以便于后续的维护和更新。

4. 测试和调试

测试和调试是确保软件正确性和质量的关键步骤。测试包括单元测试、集成测试和系统测试等不同层次和类型，旨在验证软件在各个阶段的功能和性能。其中，单元测试关注单个模块的正确性，集成测试验证模块之间的交互，系统测试评估整个系统在真实环境中的表现。

调试是识别和修复代码缺陷的过程，通常在测试过程中发现问题后进行。开发者可以使用调试工具逐步执行代码，检查变量状态和程序流，以便定位和解决错误。

5. 部署

部署阶段是将开发完成的应用程序从开发或测试环境迁移到生产环境并投入使用的过程，在这一阶段需要进行环境准备，包括配置服务器、数据库及其他基础设施等，以确保所有组件正常运行。之后将程序部署至生产环境，确保其可用，此外，还需要配置监控工具，以便实时监测应用的运行状态，保证系统的可靠性和用户体验。

在部署后，需要持续监控应用程序的性能和运行状态，并收集用户反馈，以便及时发现潜在问题，进行错误修复和功能改进，确保应用始终满足用户需求。此外，还应定期发布版本更新，引入新功能并优化现有功能，提升整体用户体验和系统性能。

7.3 辅助编程的应用

随着人工智能技术的发展，AIGC工具在编程中的应用逐渐扩大。使用这些工具，用户不仅可以解读和修改代码，还可以编写新的代码。下面对此进行介绍。

7.3.1 AIGC辅助C语言编程

AIGC工具可以帮助初学者和开发人员轻松编写C语言代码，减轻操作负担，下面以文心一言为例进行操作。

示例：请生成一段C语言的代码，实现冒泡排序算法。该算法应通过重复遍历要排序的整数数组，比较相邻元素并交换它们的位置（如果顺序错误），使得每一轮遍历后最大的元素冒泡到数组的末尾。代码应包含主函数和一个独立的冒泡排序函数。在主函数中，请调用排序函数对数组{96,12,64,36,54,18,6}进行排序，并打印排序前后的数组。代码应简洁易懂，并包含必要的注释。

文心一言生成内容如下。

以下是一段符合您要求的C语言代码，它实现了冒泡排序算法，并包含了主函数和一个独立的冒泡排序函数。代码中还包含了必要的注释，以便您理解每个部分的作用。

```c
#include <stdio.h>

// 冒泡排序函数，接收一个整数数组和数组的长度作为参数
void bubbleSort(int arr[], int n) {
    // 外层循环控制遍历的次数
    for (int i = 0; i < n-1; i++) {
        // 内层循环进行相邻元素的比较和交换
        for (int j = 0; j < n-i-1; j++) {
            // 如果前一个元素大于后一个元素，则交换它们的位置
            if (arr[j] > arr[j+1]) {
                int temp = arr[j];
                arr[j] = arr[j+1];
                arr[j+1] = temp;
            }
        }
        // 每一轮遍历后，最大的元素已经冒泡到数组的末尾，因此可以减少内层循环的比较次数
    }
}

int main() {
    // 定义一个整数数组并初始化
    int arr[] = {96, 12, 64, 36, 54, 18, 6};
    int n = sizeof(arr)/sizeof(arr[0]); // 计算数组的长度
```

```
// 打印排序前的数组
printf("排序前的数组: ");
for (int i = 0; i < n; i++) {
    printf("%d ", arr[i]);
}
printf("\n");

// 调用冒泡排序函数对数组进行排序
bubbleSort(arr, n);

// 打印排序后的数组
printf("排序后的数组: ");
for (int i = 0; i < n; i++) {
    printf("%d ", arr[i]);
}
printf("\n");

return 0;
}
```

在这段代码中:

bubbleSort 函数实现了冒泡排序算法。它接收一个整数数组 arr 和数组的长度 n 作为参数。函数内部使用了两层循环: 外层循环控制遍历的次数, 内层循环进行相邻元素的比较和交换。如果前一个元素大于后一个元素, 则交换它们的位置。

main 函数中定义了一个整数数组 arr 并进行了初始化。然后, 它计算了数组的长度 n, 并打印了排序前的数组。接着, 它调用了 bubbleSort 函数对数组进行排序。最后, 它打印了排序后的数组。

运行这段代码后, 您将会看到排序前后的数组输出到控制台上。

使用菜鸟教程在线编译器运行该代码, 效果如图7-7所示。

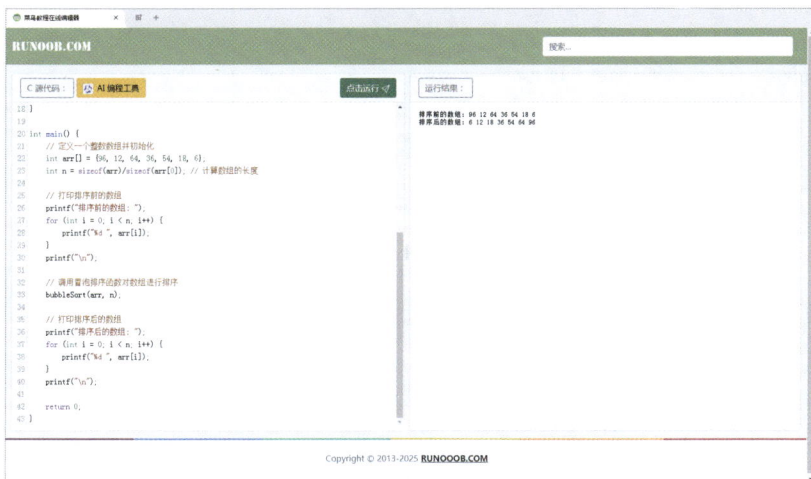

图7-7　冒泡排序算法数组

7.3.2 AIGC辅助Python语言编程

使用AIGC工具，初学者和开发人员可以轻松实现Python语言代码编写，显著提高开发效率和代码质量。下面结合文心一言和Python语言来开发一个随机密码生成程序。

示例：我想开发一个 Python 程序，用于生成随机密码。用户可以自定义密码长度和字符类型，包括大写字母、小写字母、数字和特殊字符。程序通过命令行与用户交互，提示输入密码长度和选择字符类型。如果用户未指定字符类型，程序应默认使用所有类型的字符。此外，对于无效的密码长度（如负数或非整数等），程序应提示用户输入有效的长度。

文心一言生成内容如下。

下面是一个实现随机密码生成功能的 Python 程序。该程序通过命令行与用户交互，允许用户自定义密码长度和选择字符类型。如果用户未指定字符类型，程序将默认使用所有类型的字符。同时，程序会检查密码长度的有效性，并在必要时提示用户重新输入。

```python
import random
import string

def generate_password(length, char_types):
    # 定义可用的字符集
    all_chars = string.ascii_letters + string.digits + string.punctuation

    # 根据用户选择的字符类型构建字符集
    if 'uppercase' in char_types:
        char_set = string.ascii_uppercase
    if 'lowercase' in char_types:
        char_set += string.ascii_lowercase
    if 'digits' in char_types:
        char_set += string.digits
    if 'special' in char_types or not char_types:  # 如果没有指定类型或指定了特殊字符
        char_set += string.punctuation

    # 如果没有指定任何类型，则使用所有字符
    if not char_types:
        char_set = all_chars

    # 生成随机密码
    password = ''.join(random.choice(char_set) for _ in range(length))
    return password

def main():
    while True:
```

```
try:
    # 获取密码长度
    length = int(input("请输入密码长度（正整数）: "))
    if length <= 0:
        raise ValueError("密码长度必须为正整数。")
except ValueError as e:
    print(f"无效输入: {e}")
    continue

# 获取字符类型
char_types = input("请选择字符类型（可选：uppercase, lowercase, digits, special），多个类型用空格分隔，或留空使用所有类型: ").strip().split()

# 生成并显示密码
password = generate_password(length, char_types)
print(f"生成的密码是: {password}")

# 询问是否继续生成新密码
another = input("是否要生成另一个密码？（yes/no）: ").strip().lower()
if another != 'yes':
    break


if __name__ == "__main__":
    main()
```

程序说明

generate_password 函数：

- 接受密码长度和字符类型作为参数。
- 根据用户选择的字符类型构建字符集。
- 如果没有指定任何字符类型，则使用所有类型的字符。
- 使用 random.choice 从字符集中随机选择字符来生成密码。

main 函数：

- 使用 while True 循环来不断生成密码，直到用户决定停止。
- 提示用户输入密码长度，并检查输入的有效性。
- 提示用户选择字符类型，并将输入分割成列表。
- 调用 generate_password 函数生成密码并显示。
- 询问用户是否要生成另一个密码，并根据回答决定是否继续循环。

使用方法

- 将上述代码保存为一个 Python 文件，如 password_generator.py。
- 在命令行中运行 python password_generator.py。
- 按照提示输入密码长度和选择字符类型（可选）。
- 程序将生成并显示随机密码，并询问是否生成另一个密码。

希望这个示例能满足你的需求！如果有任何进一步的问题或需要更多功能，请告诉我。

运行以上代码时，在选择字符类型时，选择后面三个将报错，在文心一言中添加提示词进行调试修改。

优化示例：以上代码在运行时，输入special出现以下问题：cannot access local variable 'char_set' where it is not associated with a value，请检查

文心一言生成内容如下。

您遇到的错误提示实际上并不完全准确，因为根据您提供的代码，char_set变量在使用之前应该总是被初始化的，至少在逻辑上是这样。然而，存在一个逻辑错误，导致当只输入"special"时，char_set可能没有被正确初始化。问题在于，当检查"uppercase""lowercase"和"digits"时，如果它们不在char_types中，char_set就不会被赋予初始值。然后，当检查"special"时，即使它是唯一的字符类型，代码也会尝试使用+=运算符，这在char_set未被初始化时会引发UnboundLocalError。

但是，由于您的代码中有一个if not char_types:条件，它应该在char_types为空时覆盖char_set的值。问题在于，当char_types只包含"special"时，这个条件不会被触发，因为char_types不是空的。因此，我们需要确保在任何情况下char_set都被正确初始化。

为了修复这个问题，我们可以稍微调整逻辑，确保在检查任何字符类型之前，char_set都被初始化为一个空字符串。然后，我们可以累积地添加字符类型到char_set中。此外，我们可以简化对"special"的检查，因为不需要单独处理它作为唯一类型的情况。

以下是修复后的代码：

```python
import random
import string


def generate_password(length, char_types):
    # 定义可用的字符集
    all_chars = string.ascii_letters + string.digits + string.punctuation

    # 初始化字符集为空字符串
    char_set = ""

    # 根据用户选择的字符类型构建字符集
    if 'uppercase' in char_types:
        char_set += string.ascii_uppercase
    if 'lowercase' in char_types:
        char_set += string.ascii_lowercase
    if 'digits' in char_types:
        char_set += string.digits
    if 'special' in char_types:
        char_set += string.punctuation

    # 如果没有指定任何类型（实际上，由于上面的检查，这里不应该发生），则使用所有
```
字符

```
    # 但由于上面的逻辑，这行代码实际上是多余的，可以删除
    # if not char_types:
    #     char_set = all_chars

    # 但是，为了处理可能的意外情况（比如代码修改后），我们可以保留一个检查来确保
char_set不为空
    if not char_set:  # 这通常不会发生，除非char_types包含未知类型或代码有误
        char_set = all_chars

    # 生成随机密码
    password = ''.join(random.choice(char_set) for _ in range(length))
    return password


def main():
    while True:
        try:
            # 获取密码长度
            length = int(input("请输入密码长度（正整数）: "))
            if length <= 0:
                raise ValueError("密码长度必须为正整数。")
        except ValueError as e:
            print(f"无效输入: {e}")
            continue

        # 获取字符类型
        char_types = input("请选择字符类型（可选：uppercase, lowercase, digits, special），多
个类型用空格分隔，或留空使用所有类型: ").strip().split()

        # 生成并显示密码
        password = generate_password(length, char_types)
        print(f"生成的密码是: {password}")

        # 询问是否继续生成新密码
        another = input("是否要生成另一个密码？（yes/no）: ").strip().lower()
        if another != 'yes':
            break


if __name__ == "__main__":
    main()
```

然而，请注意，我注释掉了关于if not char_types:的检查，因为由于上面的逻辑，它实际上不应该被执行。同时，我添加了一个额外的检查if not char_set:来确保char_set不为空，这主要是为了处理可能的意外情况或未来的代码修改。在当前的逻辑下，这个检查通常不会触发。

　　实际上，您可以安全地删除关于if not char_set:的检查，因为只要char_types包含任何已知类型（"uppercase" "lowercase" "digits" "special"），char_set就会被正确初始化。如果char_types为空，那么按照您的原始逻辑，应该使用所有字符，但由于我们已经初始化了char_set为一个空字符串，并且没有类型被添加到其中，这个逻辑现在由if not char_types:（虽然被注释掉了）或外部逻辑保证（即用户必须选择至少一种类型，或者代码应该处理空char_types作为使用所有字符的情况）。但在当前代码中，由于我们保留了if not char_types:的逻辑路径（尽管它被注释了），并且添加了对char_set的初始化，所以代码现在是健壮的。

　　在系统命令提示符窗口中运行，效果如图7-8所示。

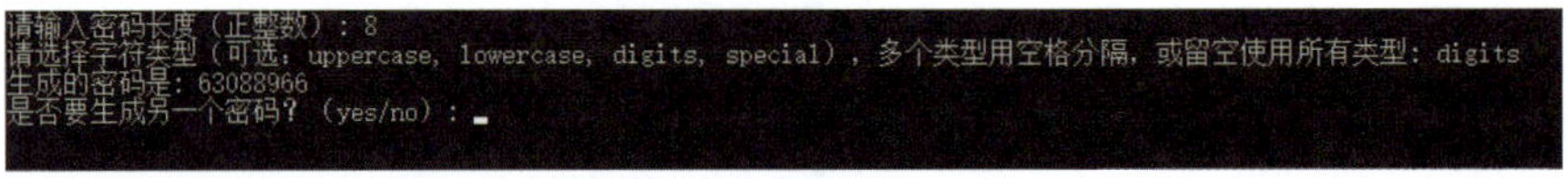

图7-8　随机密码生成

7.3.3　AIGC辅助JavaScript语言编程

　　JavaScript代码同样可以借助AIGC工具编写，以简单下拉菜单的制作为例。

示例：请为我编写一段JavaScript代码，该代码需要嵌入HTML文档的<script>标签内，实现以下功能：
- 当用户单击ID为toggleMenu的按钮时，切换ID为chineseMenu的下拉菜单的显示状态。
- 下拉菜单应包含若干中文菜单项，例如'首页'、'关于我们'、'服务'和'联系我们'。
- 初始状态下，下拉菜单应是隐藏的，这可以通过CSS设置display: none;来实现。
- JavaScript代码应简洁明了，无须引用外部文件。

生成的代码应包含HTML结构（包括按钮和下拉菜单）、CSS样式（用于隐藏下拉菜单）以及内嵌的JavaScript代码（用于实现显示和隐藏功能）。

　　文心一言生成内容如下。

　　以下是一个完整的HTML文档示例，它包含了所需的HTML结构、CSS样式以及内嵌的JavaScript代码，以实现您描述的功能：

```html
html
<!DOCTYPE html>
<html lang="zh-CN">
<head>
    <meta charset="UTF-8">
    <meta name="viewport" content="width=device-width, initial-scale=1.0">
    <title>中文下拉菜单示例</title>
    <style>
        /* 初始隐藏下拉菜单 */
        #chineseMenu {
            display: none;
            list-style-type: none; /* 移除列表项前的默认标记 */
```

```css
            padding: 0;
            margin: 0;
        }

        /* 可选：为下拉菜单项添加一些样式 */
        #chineseMenu li {
            padding: 8px 16px;
            background-color: #f9f9f9;
            border-bottom: 1px solid #ddd;
        }

        /* 可选：为下拉菜单项添加悬停效果 */
        #chineseMenu li:hover {
            background-color: #eee;
        }
    </style>
</head>
<body>
    <!-- 按钮和下拉菜单的HTML结构 -->
    <button id="toggleMenu">显示/隐藏菜单</button>
    <ul id="chineseMenu">
        <li>首页</li>
        <li>关于我们</li>
        <li>服务</li>
        <li>联系我们</li>
    </ul>

    <!-- 内嵌的JavaScript代码 -->
    <script>
        // 获取按钮和下拉菜单的DOM元素
        var toggleButton = document.getElementById('toggleMenu');
        var chineseMenu = document.getElementById('chineseMenu');

        // 为按钮添加单击事件监听器
        toggleButton.addEventListener('click', function() {
            // 切换下拉菜单的显示状态
            if (chineseMenu.style.display === 'block') {
                chineseMenu.style.display = 'none';
            } else {
                chineseMenu.style.display = 'block';
            }
        });
    </script>
```

```
</body>
</html>
```

将上述代码复制到一个新的HTML文件中，并在浏览器中打开该文件，您将看到一个按钮和一个初始隐藏的下拉菜单。单击按钮将切换下拉菜单的显示状态。

请注意，为了简化代码和示例，我添加了一些可选的CSS样式来美化下拉菜单项，这些样式不是实现功能所必需的，但可以提高用户体验。如果您不需要这些样式，可以将其从<style>标签中删除。

在Dreamweaver软件（一款所见即所得的网页代码编辑器）中复制代码，保存后在浏览器中运行，效果如图7-9所示。

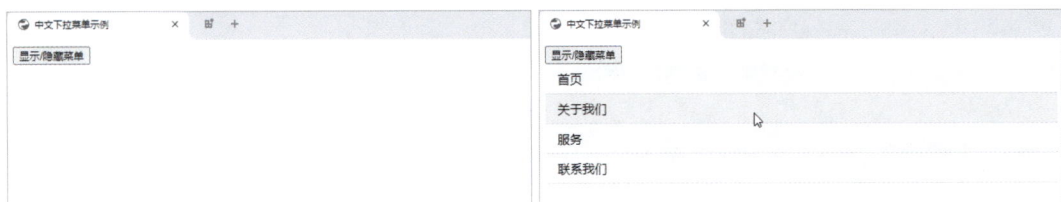

图7-9 "中文下拉菜单示例"界面

7.3.4 AIGC辅助代码的注释和修改

注释代码可以在代码中添加说明性文本，帮助开发者记录意图，同时便于后期维护人员理解。开发者可以使用AIGC工具轻松注释和修改代码，从而提升开发效率和代码质量。

下面利用文心一言注释Python代码。

示例：为以下代码添加注释：

```python
def bubble_sort(arr):
    n = len(arr)
    for i in range(n):
        swapped = False
        for j in range(0, n-i-1):
            if arr[j] > arr[j + 1]:
                arr[j], arr[j + 1] = arr[j + 1], arr[j]
                swapped = True
        if not swapped:
            break

if __name__ == "__main__":
    sample_array = [64, 34, 25, 12, 22, 11, 90]
    print("原始数组:", sample_array)
    bubble_sort(sample_array)
    print("排序后的数组:", sample_array)
```

文心一言生成内容如下。

当然，以下是对您提供的冒泡排序代码添加注释的版本：

```python
def bubble_sort(arr):
    # 获取数组的长度
    n = len(arr)

    # 外层循环，控制遍历的次数
    for i in range(n):
        # 初始化交换标记，用于检测在当前遍历中是否发生了交换
        swapped = False

        # 内层循环，负责比较和交换相邻的元素
        for j in range(0, n-i-1):
            # 如果当前元素大于下一个元素，则交换它们
            if arr[j] > arr[j + 1]:
                arr[j], arr[j + 1] = arr[j + 1], arr[j]
                # 标记发生了交换
                swapped = True

        # 如果在当前遍历中没有发生交换，说明数组已经有序，提前结束排序
        if not swapped:
            break

# 判断当前脚本是否作为主程序运行
if __name__ == "__main__":
    # 定义一个待排序的示例数组
    sample_array = [64, 34, 25, 12, 22, 11, 90]

    # 打印原始数组
    print("原始数组:", sample_array)

    # 调用冒泡排序函数对数组进行排序
    bubble_sort(sample_array)

    # 打印排序后的数组
    print("排序后的数组:", sample_array)
```

注释详细说明了每个代码块的作用，包括：

• 获取数组长度。

• 外层循环控制遍历次数，每次遍历都会将当前未排序部分的最大值"冒泡"到正确的位置。

• 内层循环负责相邻元素的比较和交换。

• swapped 标记用于检测在当前遍历中是否发生了交换，如果没有发生交换，说明数组已经有序，可以提前结束排序过程。

• 主程序部分定义了示例数组，调用排序函数，并打印排序前后的数组。

对于以上代码，还可以通过文心一言进行优化修改，输入以下内容。

优化示例：确认上述代码是否正确，并进行必要的修改。

文心一言生成内容如下。

上述代码是正确的，它实现了冒泡排序算法，并且包含了一个主程序部分来测试该算法。不过，从代码风格和最佳实践的角度来看，虽然代码可以正常工作，但有一些小地方可以进行改进或明确：

- 代码注释：虽然您已经添加了注释，但注释可以更加详细一些，特别是对于初学者来说。例如，可以解释为什么内层循环的范围是 range(0, n-i-1)。
- 函数文档字符串：为 bubble_sort 函数添加一个文档字符串（docstring），描述函数的功能、参数和返回值（尽管这个函数是就地排序，不返回新数组）。
- 代码可读性：虽然这不是错误，但保持代码整洁和一致可以提高可读性。例如，可以在 if __name__ == "__main__": 块前后添加一些空行来分隔代码块。
- 变量命名：变量命名已经很清晰了，但保持这种清晰性是很重要的。
- 算法效率：虽然这不是代码错误，但值得注意的是，冒泡排序在最坏情况下的时间复杂度是 O(n^2)，对于大数据集来说可能不是最高效的排序算法。不过，对于教学或理解排序算法的基本概念来说，它是一个很好的起点。

下面是考虑上述建议后修改后的代码：

```python
def bubble_sort(arr):
    """
    对数组进行冒泡排序。

    参数:
    arr (list): 需要排序的列表。

    返回:
    None（就地排序，不返回新列表）。
    """
    n = len(arr)
    for i in range(n):
        # 标记是否发生了交换，用于优化（如果一轮没有交换，说明数组已经有序）
        swapped = False
        # 内层循环，比较相邻元素并交换（每次循环后，最大的元素会"冒泡"到未排序部分的末尾）
        for j in range(0, n-i-1):
            if arr[j] > arr[j + 1]:
                arr[j], arr[j + 1] = arr[j + 1], arr[j]
                swapped = True
        # 如果没有发生交换，说明数组已经有序，提前退出循环
        if not swapped:
            break
```

```python
if __name__ == "__main__":
    #测试冒泡排序算法
    sample_array = [64, 34, 25, 12, 22, 11, 90]
    print("原始数组:", sample_array)
    bubble_sort(sample_array)
    print("排序后的数组:", sample_array)
```

这个版本的代码在功能上与源代码相同，但包含了一些改进，以提高代码的可读性和可维护性。

运行以上代码的效果如图7-10所示。

```
原始数组: [64, 34, 25, 12, 22, 11, 90]
排序后的数组: [11, 12, 22, 25, 34, 64, 90]
```

图7-10　代码运行效果

7.4　知识拓展——用Python生成抽奖程序和界面

AIGC工具辅助编程可以帮助开发者实现丰富多样的功能。下面以随机数抽奖程序的制作为例，介绍文心一言在Python代码生成中的应用。

示例：我希望创建一个抽奖程序，使用 Python 编程语言，并具备独立的可视化界面。程序的核心功能是生成一个范围在 1 到 100 之间的随机数，模拟抽奖的过程。用户界面应包含两个主要按钮：开始和暂停。当用户单击"开始"按钮时，程序应快速生成并显示随机数，数字在界面上迅速变化，以营造出紧张刺激的抽奖氛围。

用户单击"暂停"按钮时，当前显示的数字应立即停止更新，并保持在当前值上，方便用户查看抽奖结果。此时，数字的显示应突出，可以使用加大字体或改变颜色（如红色）来强调暂停状态。整个界面设计应简洁明了，数字的显示区域应明显，按钮应易于单击，确保用户能够方便地控制抽奖过程。

程序可以使用 tkinter 库来实现，确保界面友好且易于操作。希望这个程序能够带来愉快的抽奖体验，并且易于使用。

文心一言生成内容如下。

为了创建一个符合你描述的抽奖程序，我们可以使用 tkinter 库来构建用户界面，并编写逻辑来处理随机数生成、显示更新以及按钮交互。以下是一个完整的示例代码，它实现了你所需的功能：

```python
python
import tkinter as tk
import random
import time

class LotteryApp:
    def __init__(self, root):
        self.root = root
```

```python
        self.root.title("抽奖程序")

        # 状态变量
        self.running = False
        self.current_number = None

        # 初始化UI组件
        self.create_widgets()

    def create_widgets(self):
        # 显示随机数的标签
        self.number_label = tk.Label(self.root, text="", font=("Helvetica", 24), fg="black")
        self.number_label.grid(row=0, column=0, columnspan=2, pady=20)

        # 开始按钮
        self.start_button = tk.Button(self.root, text="开始", command=self.start_lottery)
        self.start_button.grid(row=1, column=0, padx=10, pady=10)

        # 暂停按钮
        self.pause_button = tk.Button(self.root, text="暂停", command=self.pause_lottery)
        self.pause_button.grid(row=1, column=1, padx=10, pady=10)

        # 字体设置
        self.normal_font = ("Helvetica", 24)
        self.paused_font = ("Helvetica", 36, "bold")
        self.color_normal = "black"
        self.color_paused = "red"

        # 定时器变量
        self.update_interval = 50  # 毫秒
        self.last_update_time = time.time()

    def start_lottery(self):
        # 开始抽奖
        self.running = True
        self.current_number = None
        self.update_number()

    def pause_lottery(self):
        # 暂停抽奖
        self.running = False
        self.update_label()
```

```python
    def update_number(self):
        if self.running:
            current_time = time.time()
            if current_time - self.last_update_time >= self.update_interval / 1000.0:
                self.current_number = random.randint(1, 100)
                self.update_label()
                self.last_update_time = current_time
            # 使用after方法安排下一次更新
            self.root.after(self.update_interval, self.update_number)


    def update_label(self):
        if self.running:
            # 正常显示
            self.number_label.config(text=str(self.current_number), font=self.normal_font, fg=self.color_normal)
        else:
            # 暂停时放大并变红
            self.number_label.config(text=str(self.current_number), font=self.paused_font, fg=self.color_paused)


if __name__ == "__main__":
    root = tk.Tk()
    app = LotteryApp(root)
    root.mainloop()
```

代码说明：

导入必要的模块：

- tkinter 用于创建 GUI。
- random 用于生成随机数。
- time 用于计算时间差，以控制更新频率。

定义 LotteryApp 类：

- 初始化方法 __init__：设置窗口标题，初始化状态变量和UI组件。
- create_widgets 方法：创建显示随机数的标签和两个按钮（开始、暂停），并设置字体和颜色。
- start_lottery 方法：开始抽奖过程，设置 running 标志为 True，并调用 update_number 方法。
- pause_lottery 方法：暂停抽奖过程，设置 running 标志为 False，并调用 update_label 方法以更新显示。
- update_number 方法：生成新的随机数，并更新标签显示。使用 after 方法安排下一次调用，以实现定时更新。同时，检查时间差以确保更新频率。
- update_label 方法：根据当前状态（是否运行）更新标签的文本、字体和颜色。

注意事项：

- 可以使用after方法和时间差检查来控制随机数的更新频率，以营造出紧张刺激的抽奖氛围。
- 在暂停时，通过改变标签的字体和颜色突出显示当前数字，并强调暂停状态。
- 提供了清晰的按钮和标签布局，确保用户能够方便地控制抽奖过程并查看结果。

- 整个界面设计简洁明了，易于使用。

运行此代码，你将得到一个功能齐全的抽奖程序，具有快速变化的随机数显示、暂停功能，以及友好的用户界面。

运行代码，效果如图7-11所示。

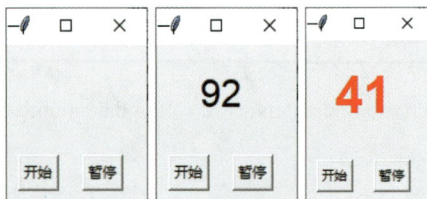

图7-11　随机抽奖界面

第 **8** 章

AIGC
综合实战

在数字化浪潮推动下，AIGC技术正以前所未有的速度重塑内容生产的全产业链，从文字、图像到影音，AIGC不仅提高了创作效率，还拓展了人类的表达边界。本章将利用日常办公中常见的案例来对之前所学的知识进行综合练习，包括制作通知、活动策划方案、教学教案、节日宣传海报，动漫角色创建，产品宣传文案的生成及视频的创作等，助力读者提高AIGC的综合运用能力，为实际需求提供解决方案。

8.1　AIGC在文案写作领域中的应用

在数字浪潮下，文案写作正经历着从人工创作向智能协同的根本性转变。文案写作的类型很广泛，如制作策划方案、项目汇报、年终总结、规章制度、通知等。下面以通知、活动策划方案以及教学教案这三种常见文案为例，来介绍AIGC工具的具体应用。

8.1.1　制作通知

通知是常用的公文类型，用于传达信息、指示、安排任务或发布公告。例如，会议通知、活动安排通知、政策发布通知、变更通知等。

1. 任务目标

公司于2024年12月20日在××酒店举办2024年度表彰大会，需拟写一则年会安排通知，以便通知全体员工做好准备。

2. 操作步骤

打开AIGC工具，在对话框中输入通知内容。

请按照提供的内容生成一则2024年会安排通知。

主要内容：

①年会时间：2024年12月20日（星期五）18：00—21：30。

②地点：××酒店三楼宴会厅。

③参与人员：全体员工。

④活动内容：年度总结与表彰、员工才艺展示、抽奖与晚宴。

⑤注意事项：部门负责人于12月15日前提交参会名单，当晚请正装出席。

AIGC生成内容如下。

关于2024年公司年会安排的通知

全体员工：

　　为增强团队凝聚力，感谢大家一年来的辛勤付出，公司决定举办2024年年会，具体安排如下：

　　时间：2024年12月20日（星期五）18:00—21:30

　　地点：××酒店三楼宴会厅

　　参与人员：全体员工

　　活动内容：

- 年度总结与表彰
- 员工才艺展示
- 抽奖与晚宴

　　注意事项：

　　1. 请各部门负责人于12月15日前将参会人员名单提交至行政部。

　　2. 当晚请着正装出席，展现专业形象。

　　期待大家的积极参与，共同度过一个难忘的夜晚！

公司行政部
2024年12月11日

8.1.2　制作活动策划方案

活动策划方案是一种用于筹划、组织和指导活动执行的书面材料。它是活动成功实施的重要基础，能够帮助明确活动目标、分配资源、统筹时间和协调团队。

1. 任务目标

公司近期要开展一次团建活动，以提高员工的团队精神和凝聚力。领导安排行政部出一份团建活动策划方案，以确保活动顺利进行，并取得预期效果。

2. 操作步骤

打开AIGC工具，可以使用多轮提问方式来生成比较满意的策划方案。

第一轮提问： 五十人的年轻团队进行户外团建，时间为一天。请提供3个活动选项，并推荐一个最优的活动。

AIGC生成内容如下。

以下是针对五十人年轻团队的一天户外团建活动设计，包含3个选项，并推荐一个最优方案。

选项一：定向越野+趣味任务挑战

1. 活动简介

通过地图寻点、完成任务的形式，在团队中激发竞争与合作精神，同时感受探索的乐趣。

2. 活动流程

（1）破冰环节（30分钟）

热身小游戏（如快速分组、你画我猜）。

（2）定向越野（2小时）

• 分组（5-8人/组），每组获得一份地图和任务清单。

• 按照地图寻找指定地点，并完成设置的任务（如拍照、解谜）。

（3）午餐与休息（1.5小时）

露天野餐或烧烤。

（4）趣味任务挑战（2小时）

在活动场地设置多个趣味站点。

• 团队接力（如多人绑腿跑）。

• 集体项目（如巨型拼图或滚雪球比赛）。

• 创意挑战（如主题摆拍或搭建任务）。

（5）总结与颁奖（30分钟）

每组分享活动感受，颁发奖品。

3. 优点

• 适合年轻人喜欢挑战和互动的特点。

• 活动形式多样，团队参与度高，气氛热烈。

4. 缺点

对天气和场地要求较高。

选项二：趣味运动会

1. 活动简介

通过充满趣味性和竞争性的运动项目，活跃氛围，促进团队协作。

2. 活动流程

（1）开场与破冰（30分钟）

主持人介绍规则，热身小游戏。

（2）趣味比赛（3小时）

经典项目如：

- 拔河比赛：增强团队协作。
- 袋鼠跳接力：考验默契。
- 巨型毛毛虫赛跑：增添欢乐感。
- 飞盘挑战：结合团队配合和精准投掷。

（3）午餐与自由活动（1.5小时）

午餐后自由活动或简单休息。

（4）创意表演（1.5小时）

每组准备一个短剧或才艺表演，拉近团队距离。

（5）颁奖与总结（30分钟）

评选"最具创意团队"等称号，并颁发奖品。

3. 优点

- 项目灵活，适合不同体力的员工，参与度高。
- 场地要求较低，适应性强。

4. 缺点

活动形式单一，部分成员可能对运动项目兴趣不高。

选项三：户外烧烤+互动游戏

1. 活动简介

在轻松的环境中进行互动游戏和自由交流，放松身心，提升团队凝聚力。

2. 活动流程

（1）集合与破冰（30分钟）

通过趣味问答或互动小游戏热身。

（2）烧烤环节（2小时）

团队分工合作准备食材和烧烤，培养协作精神。

（3）互动游戏（2小时）

- 桌游：如狼人杀、UNO等，增加小组互动。
- 轻体力游戏：如飞盘比赛或简单投壶。

（4）自由交流与分享（1.5小时）

在放松的环境中畅谈，并组织才艺展示或自由发言。

（5）总结与拍照留念（30分钟）

集体合影，为活动画上句号。

3. 优点

- 氛围轻松，适合放松心情和自由交流。
- 无须过高体力要求，包容性强。

4. 缺点

互动性和挑战性不如其他选项强烈。

推荐活动：选项一（定向越野+趣味任务挑战）

理由：

- 符合年轻人偏好：户外探索与团队任务相结合，更能激发年轻团队的活力和热情。
- 全面体验：既有动态挑战，也有趣味互动，形式多样，能满足不同个性成员的需求。
- 效果显著：通过竞争与协作提升团队凝聚力，同时创造难忘的体验。

如果有更多细节需求，我可以帮助进一步优化具体活动流程和执行细节！

第二轮提问：请根据以上推荐的户外团建活动，生成一份完整的公司团建活动策划方案。本次团建主题：放松心情，趣味同行。时间：一天。地点：××森林公园。预算费用：5 000 元。

AIGC 生成内容如下。

公司团建活动策划方案

一、活动主题

放松心情，趣味同行

二、活动背景与目标

• 背景：为了缓解员工的工作压力，促进团队成员间的交流与协作，公司决定组织一次户外团建活动。

• 目标：通过趣味活动和互动挑战，增强团队凝聚力，放松身心，为团队注入更多活力和正能量。

三、活动概况

• 活动时间：一天。

• 活动地点：××森林公园。

• 参与人数：50 人。

• 活动预算：5 000 元。

四、活动流程安排

时间	环节	备注
08:00—09:00	集合与前往目的地	包车前往××森林公园
09:00—09:30	入园签到与破冰环节	热身小游戏，随机分组
09:30—12:00	定向越野挑战	完成寻点任务与团队合作挑战
12:00—13:30	午餐与自由活动	分工准备野餐或享用公园餐厅的简餐
13:30—15:30	趣味任务挑战	趣味游戏站点，积分制
15:30—16:00	总结与颁奖	每组分享感受并颁发奖品
16:00—17:00	返回公司	包车返程

五、活动内容设计

1. 破冰环节（30 分钟）

• 组织轻松的热身小游戏（如团队名字接龙、你画我猜等），帮助成员熟悉并活跃气氛。

• 随机分组，每组 6～8 人，发放队旗及任务清单。

2. 定向越野挑战（2.5 小时）

• 根据提供的地图和任务卡片，各组完成以下任务：

• 拍集体创意照片：根据指定主题完成一张创意合影。

• 解谜任务：完成谜题找到下一个点位。

• 小游戏任务：在指定地点完成小游戏（如跳绳接力、投篮等）。

　最先完成所有任务并到达终点的队伍获胜。

3. 午餐与自由活动（1.5 小时）

• 午餐形式：野餐（由公司提供基础物资，员工自行搭配）或预订景区餐厅简餐。

• 午餐后自由活动，团队成员可拍照、散步，放松身心。

4. 趣味任务挑战（2 小时）

在活动场地设置多个趣味站点，每站需完成不同任务以获得积分：

- 多人绑腿跑：增强协作能力。
- 拼图挑战：考验团队默契。
- 创意摆拍：团队摆出独特造型拍照，评审打分。

5. 总结与颁奖（30分钟）

- 由每组代表分享活动体验和感受。
- 颁发奖品，如"最佳团队奖""创意之星奖"等，鼓励参与和创造力。

六、预算分配

项目	金额（元）	备注
交通费	1 500	租赁大巴两辆，往返森林公园
餐饮费	2 000	包括野餐食材或景区餐厅简餐
活动物料	500	队旗、任务卡片、奖品等
门票费用	0	景区门票（免费）
其他杂费	1 000	应急费用
总计	5 000	

七、注意事项

- 安全保障：提前检查活动场地，安排工作人员确保活动期间的安全。
- 天气预案：关注天气情况，若遇雨天可转为室内活动方案。
- 急救准备：配备简单的急救物品，如创可贴、防晒霜等。
- 通知与沟通：提前通知员工集合时间及注意事项，确保信息传达到位。

八、预期效果

通过此次活动，团队成员将放松身心、加强沟通协作，同时增强归属感，为团队未来的高效合作打下良好基础。

8.1.3　制作教学教案　　　Q

教学教案是教师在进行教学前，按照教学目标和教学大纲编写的详细计划性文件，旨在指导教学活动顺利进行。教案通常包括教学内容、教学方法、教学步骤、时间安排以及课堂管理等方面的内容，帮助教师有效组织教学过程，确保教学目标达成。

1. 任务目标

以二年级语文教材中的《雾在哪里》课文为背景，制作该课文的教学教案。

2. 操作步骤

打开AIGC工具，在对话框中输入教案主题内容。

请设计二年级语文中《雾在哪里》课文的教案。要求：分两个课时（一课时40分钟）。在教学过程环节中可添加一些互动小游戏，如猜谜等，以提高学生的课堂兴致。

AIGC生成内容如下。

二年级语文《雾在哪里》课文教案设计（两课时）

第一课时

一、教学目标

- 认识并理解课文中的生字词。

- 初步理解课文内容，感受雾的神奇与美丽。
- 通过互动小游戏，提高学生课堂兴趣。

二、教学重难点

- 重点：认识并理解课文中的生字词。
- 难点：初步理解课文内容，感受雾的神奇。

三、教学过程

1. 导入新课（5分钟）

猜谜引入。

教师："同学们，今天我们先来玩一个猜谜游戏。我来说一个谜语，大家猜猜看是什么：'白茫茫，四处飘，早晨出现，太阳一照就不见了。'大家猜猜这是什么？"

学生猜谜后，教师引出课题："对，是雾。那雾到底在哪里呢？今天我们就来学习一篇课文《雾在哪里》。"

2. 初读课文，识字学词（20分钟）

（1）自由朗读

学生自由朗读课文，边读边用铅笔勾画出生字词。

（2）生字词教学

- 教师利用多媒体展示生字词，领读并解释词义。
- 学生跟读，并尝试用生字词造句。

（3）互动小游戏：生字词接龙

- 教师："现在我们来玩一个生字词接龙的游戏。我先说一个生字词，然后同学们依次接下去，每人说一个与前面生字词相关的新词。"
- 游戏进行几轮后，教师总结学生表现，并鼓励大家继续学习生字词。

3. 再读课文，理解大意（10分钟）

（1）分段朗读

教师引导学生分段朗读课文，注意朗读的节奏和语气。

（2）理解大意

- 教师提问引导学生理解课文大意："雾去了哪些地方？雾藏起来后，这些地方变得怎么样了？"
- 学生分组讨论后，派代表回答。

4. 课堂小结与作业布置（5分钟）

（1）课堂小结

教师总结本节课学习的生字词和课文大意。

（2）作业布置

- 抄写生字词，每个三遍。
- 朗读课文，并尝试用自己的话复述课文内容。

第二课时

一、教学目标

- 深入理解课文内容，体会雾对周围环境的影响。
- 通过角色扮演和互动问答，提高学生的语言表达能力和观察力。

二、教学重难点

- 重点：深入理解课文内容。
- 难点：体会雾对周围环境的影响。

三、教学过程

1.复习旧知（5分钟）

（1）复习生字词

教师利用多媒体展示生字词，学生快速认读。

（2）回顾课文大意

• 教师提问引导学生回顾课文大意："上节课我们学习了《雾在哪里》，谁能说说雾去了哪些地方？藏起来后，这些地方变得怎么样了？"

• 学生回答后，教师进行总结。

2.深入理解课文内容（20分钟）

（1）分段讨论

• 教师引导学生分段讨论课文内容，提问引导学生深入理解："雾为什么能藏起来？雾藏起来后，周围的世界发生了什么变化？你最喜欢雾藏起来的哪个场景？为什么？"

• 学生分组讨论后，派代表回答。

（2）角色扮演

• 教师："现在我们来玩一个角色扮演的游戏。大家可以选择课文中的一个角色来扮演，比如雾、大海、城市等。然后我们来表演一下雾藏起来后的情景。"

• 学生分组准备后，上台表演。表演结束后，教师和其他学生给予评价和鼓励。

3.互动问答游戏：深化理解（10分钟）

（1）设计问答卡片

教师根据课文内容设计问答卡片，如"雾把什么藏起来了？""雾消失后，大海怎么样了？""你喜欢雾吗？为什么？"等。

（2）互动问答

• 教师出示问答卡片，学生分组进行抢答。答对的学生可以获得小奖励或表扬。

• 通过问答游戏，加深学生对课文内容的理解。

4.拓展延伸与作业布置（5分钟）

（1）拓展延伸

• 教师："除了雾，你还知道哪些自然现象？它们对我们的生活有什么影响？"

• 学生自由发言，分享自己的知识和经验。

（2）作业布置

• 创作一幅关于雾的画，并配上简短的文字说明，描述自己想象中的雾景。

• 预习下一节课的内容。

四、教学反思

• 在教学过程中，通过观察学生的表现和参与度，评估教学活动的有效性。

• 检查学生的作业，了解他们对课文内容的掌握程度和语言表达能力的发展。

• 根据学生的反馈和作业情况，调整后续的教学策略，确保每位学生都能从教学中受益。

这份教案设计注重学生的参与和体验，通过多样化的教学活动和有趣的互动小游戏，激发学生的学习兴趣，帮助他们更好地理解和掌握课文内容，同时培养他们的观察力、想象力和语言表达能力。

8.2　AIGC在设计领域中的应用

在设计领域应用AIGC工具可以为设计师提供独特的设计灵感，帮助其打破常规，创作出新颖的作品。下面就以生成节日宣传海报、生成动漫角色造型和生成室内效果图这三个方面来介绍AIGC工具的具体应用。

8.2.1　生成节日宣传海报

节日宣传海报是一种在特定节日或庆典期间向公众传达信息、吸引关注并营造节日氛围的宣传材料。这些海报通常设计精美，融合了节日的特色元素，如色彩、图案、文字等，以吸引人们的注意力并激发他们的兴趣。

1. 任务目标

元旦即将来临，需设计一张"元旦快乐"手机宣传海报，以方便节日期间宣传转发使用。

2. 操作步骤

设计师可先利用AIGC工具生成初步的设计方案，然后使用Photoshop软件进行细节调整。

Step 01　输入关键字。打开并登录即梦AI（或其他AIGC工具），在首页单击"图片生成"按钮，进入生成界面，在"图片生成"选项卡的描述文本框中输入关键词，如图8-1所示。关键词如下。

元旦快乐，喜庆，中国红搭配金色，中国传统元素，宣传海报。

Step 02　生成海报效果。在"图片比例"列表中选择图片大小，这里选择"9∶16"，单击"立即生成"按钮。稍等片刻，即可在右侧的结果窗口中生成4张海报，如图8-2所示。

図8-1　"图片生成"界面

图8-2　生成海报

Step 03　选择海报。选择其中一张满意的海报样式，可进行放大预览，如图8-3所示。

图8-3　放大预览海报

Step 04 消除海报文字。单击"消除笔"按钮消除海报上的文字内容，如图8-4所示。

图8-4 消除海报文字

Step 05 生成效果。单击"立即生成"按钮，系统会自动消除海报上的文字。

Step 06 下载海报。单击界面右上角的 ▤ 按钮，进入文件列表界面。选择刚才编辑过的海报，单击"下载"按钮即可将海报下载至本地计算机中，如图8-5所示。

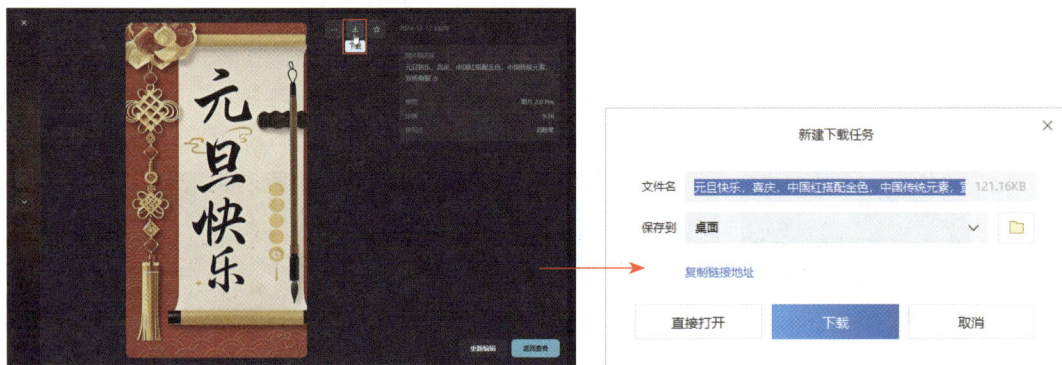

图8-5 保存海报并下载

Step 07 输入海报文字。打开Photoshop软件，将生成的海报置入软件。使用文字工具输入文字内容，并调整好文字的样式，如图8-6所示。

Step 08 绘制印章图案。利用钢笔工具绘制印章图案，并设置好图案的填充颜色（R:174，G:54，B:43），如图8-7所示。

Step 09 设置印章文字格式。使用文字工具在印章图案中输入文字，并调整好文字格式，如图8-8所示。至此，节日宣传海报设计完成。

图8-6 输入海报文字　　图8-7 绘制印章图案　　图8-8 设置印章文字格式

8.2.2　生成动漫角色造型

动漫角色是出现在动画和漫画作品中的虚构人物。这些角色通常具有鲜明的个性、独特的外貌以及丰富的背景故事，是吸引观众和读者的重要因素。设计师在构思动漫角色时，可以先利用AIGC工具生成一个基础原型，然后利用其他软件对其进行再加工，使创建的角色更加符合设计要求。

1. 任务目标

在一款游戏场景中需要创建一个既英勇又霸气的"熊猫战士"角色。

2. 操作步骤

Step 01 输入关键词和比例。打开即梦AI（或其他AIGC工具），进入"图片生成"界面，在描述文本框中输入角色的关键词，并调整好图片比例，如图8-9所示。

Step 02 生成结果。单击"立即生成"按钮，稍等片刻，即可显示生成的结果，如图8-10所示。

图8-9　"图片生成"界面

图8-10　生成结果展示

8.2.3　生成室内效果图

室内效果图是通过计算机三维技术模拟真实空间的设计表现图，主要用于展示室内空间的设计布局、色彩搭配、材质运用、灯光效果以及家具陈设等各种设计细节，让客户可以真实、直观地了解室内空间的整体效果。在制作设计方案前，设计师可以先利用AIGC工具生成各类不同的室内效果图，以此作为设计参考。

1. 任务目标

当前卧室效果图为古典欧式风格，如图8-11所示。需要按照客户要求，将其更换为北欧风格的效果。

图8-11　古典欧式风格卧室效果

2. 操作步骤

Step 01 上传图片。打开豆包（或其他AIGC工具），进入"图像生成"界面。在输入框中单击"参考图"按钮，在"打开"对话框中选择效果图，单击"打开"按钮，将该效果图上传至系统平台，如图8-12所示。

Step 02 输入生成要求。在对话框中输入图像生成要求。例如，"请根据参考图，重新生成一张北欧风格的室内空间效果图。"，如图8-13所示。

图8-12　上传图片

图8-13　输入生成要求

Step 03 生成效果。输入完成后单击"发送"按钮⬆️，稍等片刻，即可生成四张北欧风格的效果图，如图8-14所示。

Step 04 预览效果。单击任意一张生成的效果图，可放大预览，如图8-15所示。

图8-14　四张北欧风格效果图

图8-15　放大预览效果

8.3　AIGC在新媒体领域中的应用

　　AIGC技术在新媒体领域的应用日益广泛，它通过智能分析用户行为、精准推送个性化内容、自动化生成文章与视频，以及利用虚拟主播和聊天机器人增强互动性等手段，极大提升了宣传效率与用户体验，使信息传播更加智能化、精准化和高效化。

8.3.1　生成软文选题方案　🔍

　　撰写宣传软文时，选题方案是关键，它决定了文章能否吸引目标受众的注意力，传达出品牌或产品的核心价值，并激发读者的兴趣与行动。以下是一些制定宣传软文选题方案的策略，帮助用户创作出既具吸引力，又富有成效的内容。

1. 目标受众分析

（1）兴趣点调研：了解目标受众的兴趣爱好、阅读习惯及关注点，选择与之相关的主题。

（2）需求洞察：识别并解决受众的痛点或需求，如生活改善、技能提升、健康养生等。

2. 品牌故事与价值观
（1）品牌起源：讲述品牌背后的故事，如创始人愿景、品牌发展历程中的关键时刻等。
（2）价值观传递：通过故事或案例体现品牌的社会责任感、创新理念或环保承诺。

3. 行业趋势与热点
（1）紧跟潮流：要紧密结合当前热门话题、节日、纪念日或行业趋势，如科技新品发布、健康生活方式兴起等。
（2）预测未来：分享行业趋势分析，展现品牌如何引领或适应未来变化。

4. 产品/服务特色
（1）功能亮点：详细介绍产品的独特功能、技术创新或用户体验优势。
（2）使用场景：通过具体场景展示产品如何融入并改善用户生活，增加代入感。

5. 用户评价与案例分享
（1）成功案例：分享真实用户故事或企业合作案例，展示产品带来的正面影响。
（2）专家推荐：引用行业专家、意见领袖的评价，增加权威性和可信度。

6. 教育性与启发性内容
（1）知识普及：提供行业知识、技能教程或生活小贴士，提升知识分享者的个人品牌影响力。
（2）灵感激发：讲述励志故事、创新思维，激发读者对美好生活的向往和追求。

7. 互动与参与
（1）问答环节：为常见问题设置问答环节，或邀请读者提问，增强互动性。
（2）挑战赛/活动：发起线上挑战、竞赛或公益活动，鼓励用户参与并分享，扩大品牌曝光率。

8. 情感共鸣
（1）情感故事：讲述触动人心的故事，如家庭、友情、成长等，建立情感连接。
（2）节日情感：结合节日氛围，讲述与节日相关的温馨故事或习俗，增强节日营销效果。
下面以知识科普为引导生成一篇宣传软文。

示例：请帮我写一篇新型汽水的宣传软文，产品信息、软文的写作要求以及内容结构如下。

产品介绍：汽水名称为"Dreamy Energy"，鲜榨桃子和西瓜果汁混合型汽水，液体是梦幻的粉红色，消费目标群体是年轻人、上班族、健身人士、追求健康生活品质的人群等。天然成分、不含人工色素、低糖、低卡、口感清新独特。

软文创作要求：适合微信公众号平台发布，需符合微信公众号平台的发布规范，避免敏感词汇。融入水果营养成分知识科普，自然过渡到产品介绍，提供一句简短有力的宣传口号，与产品理念相契合。字数控制在1 000字左右。

内容结构要求：开篇简短介绍水果在日常生活中的健康作用，通过知识科普的方式详细介绍桃子与西瓜的营养成分及其对健康的益处，通过一个小故事，展示目标消费群体如何因Dreamy Energy汽水而受益，自然过渡到Dreamy Energy汽水的特点与优势，强调其天然健康属性。在文章结尾鼓励读者尝试Dreamy Energy汽水，享受健康与美味。

AIGC生成内容如下。

梦幻之饮，唤醒活力——Dreamy Energy汽水：健康与美味的完美邂逅
在这个快节奏的时代，水果不仅是大自然赋予的甜蜜馈赠，更是我们日常饮食中不可或缺的健康伙伴。它们以丰富的维生素、矿物质以及抗氧化物，为我们的身体注入源源不断的活力与光彩。今天，就让我们一起探索两位夏日水果明星——桃子与西瓜的神奇魅力，以及它们如何携手打造出一款颠覆传统、引领健康潮流的新型汽水——"Dreamy Energy"。

桃子：自然的滋养源泉

提及桃子，脑海中不禁浮现出那粉嫩诱人的外表和清甜多汁的口感。桃子不仅美味，更是营养满满。它富含维生素C，能有效增强免疫力，抵抗日常的小病小痛；含有的丰富膳食纤维，有助于促进肠道蠕动，维护消化系统健康。此外，桃子中的钾元素对调节血压、维持心脏功能也大有裨益。在这个需要不断充电的季节，一颗桃子，便是对身体最温柔的呵护。

西瓜：夏日的清凉使者

如果说桃子是温柔的滋养，那么西瓜则是夏日里的一抹清凉。作为含水量高达90%以上的水果之王，西瓜不仅解渴消暑，其富含的番茄红素具有良好的抗氧化作用，能帮助人们抵抗自由基，减缓衰老过程。同时，西瓜中的氨基酸有助于放松神经，改善睡眠质量，让疲惫的心灵得以休憩。每一口西瓜，都是对炎炎夏日最美好的回应。

梦幻相遇，健康新选择

正是基于桃子与西瓜的这些天然优势，一款名为"Dreamy Energy"的汽水应运而生。它不仅仅是一款汽水，更是一次对健康生活的深情告白。想象一下，忙碌一天后，一位年轻的上班族，在加班的深夜，偶然间邂逅了Dreamy Energy。那梦幻般的粉红色液体，仿佛夏日傍晚的霞光，不仅瞬间点亮了他的心情，更以它独特的清新口感，唤醒了身体的每一个细胞。低糖、低卡的配方，即便是健身爱好者也能毫无负担地享受；不含人工色素的承诺，让追求健康生活品质的你，更加安心。

Dreamy Energy：天然健康，活力无限

Dreamy Energy汽水，采用鲜榨桃子和西瓜果汁精心调配，保留了水果最纯粹的风味与营养。每一口都是大自然的清新与甘甜，仿佛直接将果园的清新空气带入口中。它不仅满足了味蕾的享受，更重要的是，它传递了一种积极向上的生活态度——即使生活再忙碌，也不忘给自己的身心一个健康的拥抱。

在这个追求品质与健康的时代，Dreamy Energy汽水以其天然成分、低糖低卡的特性，成为众多年轻人、上班族、健身人士以及所有热爱生活人士的理想选择。它不仅仅是一款解渴的饮料，更是一种生活方式的体现，鼓励我们在快节奏的生活中，也能找到属于自己的那份宁静与美好。

宣传口号：梦幻启航，活力满满

"梦幻启航，活力满满"——这不仅是Dreamy Energy的宣传口号，也是我们对每一位追求健康生活的你的美好祝愿。让我们一起，以一杯Dreamy Energy汽水，开启每一天的活力之旅，享受健康与美味并存的梦幻时光。

在这个夏天，不妨给自己一个尝试的机会，让Dreamy Energy成为你日常的小确幸，让生活因这份梦幻而更加精彩。现在就行动起来，拥抱属于你的Dreamy Energy时刻吧！

8.3.2　生成产品宣传文案

为了更高效地利用AI生成符合需求的产品宣传文案，可以采用以下提问技巧。

（1）明确需求和目标：在提问前，先明确文案的主题、风格、篇幅、受众等要素。例如，"我需要一篇关于××产品的宣传文案，受众为年轻女性，风格要时尚活泼，篇幅在500字左右。"

（2）提供详细背景信息：提供文案的用途、相关行业背景、竞品分析等详细信息，以帮助AI更好地理解需求并生成更贴合实际的文案。例如，"这篇文案将用于社交媒体推广，目的是提升××产品的知名度和销量。目前市场上类似产品的竞争较为激烈，我们需要突出××产品的独特优势。"

（3）使用关键词：在提问时尽量采用关键词，以便AI快速理解需求并提供有针对性的答案。例如，"请撰写一篇关于××产品的特色介绍文案，关键词包括'创新设计''高品质''用户体验'等。"

（4）采用开放性提问：使用开放性提问引导AI提供更详细的回答和创意。例如，"你能给我一些关于××产品宣传的创意点子吗？这些点子可以包括文案的构思、角度、表现形式等。"

（5）提供参考文案：如果可能的话，提供若干参考文案，以便AI更准确地把握需求并生成符合期望的文案。例如，"以下是我喜欢的一篇产品宣传文案，请参考这篇文案的风格和内容为我撰写一篇关于××产品的宣传文案。"

示例：利用AIGC工具生成产品宣传文案。

宣传文案创作请求

1. 产品详情
- 产品名称：Dreamy Energy 汽水。
- 产品特色：鲜榨桃子与西瓜果汁混合，梦幻粉红色液体。
- 目标群体：年轻人、上班族、健身人士、追求健康生活品质的人群。
- 产品优势：天然成分、不含人工色素、低糖、低卡、口感清新独特。

2. 文案风格与调性
- 风格：温馨、清新、健康。
- 调性：传递正能量，强调健康生活方式。

3. 宣传场景
社交媒体、电视广告、线下活动等多种渠道。

4. 文案要求
字数控制在200字左右，文案需突出产品特点，吸引目标群体。融入健康、温馨、清新的元素，传递正能量。

5. 附加信息
文案中可适当加入品牌口号或标语，若适用请确保文案内容积极向上，无负面或争议性内容。
AIGC生成内容如下。

【Dreamy Energy 汽水 · 清新宣言】

在每一口梦幻粉红中，邂逅自然的馈赠。Dreamy Energy以鲜榨桃子邂逅清甜西瓜，编织低糖低卡的清新序曲。不论是忙碌的上班族，还是活力健身的你，这抹粉色不仅是味蕾的惊喜，更是健康生活的温柔宣言。无人工色素，满载天然之力，让每一天都充满Dreamy正能量。拥抱清新，从一瓶Dreamy Energy开始，让生活如这汽水般，甜蜜而不腻，健康又惬意。

8.3.3　制作产品宣传短视频

在制作产品宣传短视频时，需要根据产品的特点和宣传目标选择合适的素材，并进行合理搭配和剪辑，以制作出具有吸引力和感染力的视频作品。其所需素材通常包括视觉素材、音频素材、文字素材等。

1. 处理视觉素材
视觉素材包括图片、视频素材。下面使用"即梦AI"对产品宣传图进行处理，并生成动态视频。

Step 01 添加图片。打开即梦AI官网，单击"视频生成"按钮，进入"视频生成"页面，将产品图片拖动至"上传图片区域"，如图8-16所示。

Step 02 生成并下载视频。图片添加成功后，选择好"视频模型"，此处使用默认选项，单击"生成视频"按钮。稍作等待后，系统将根据上传的图片生成视频。将鼠标指针移动到视频中，单击视频左上角的 按钮，下载视频备用，如图8-17所示。

图8-16　添加图片

图8-17　生成并下载视频

Step 03 根据文字生成图片。切换到"图片生成"选项卡，在文本框中输入文字描述，将"精细度"调整为"10"，其他选项保持默认，单击"立即生成"按钮。系统随即生成四张图片，如图8-18所示。

图8-18　根据文字生成图片

Step 04 选择图片，执行"生成视频"命令。单击图片可以查看图片的放大效果。选择一张满意的图片，单击其放大图右侧的"生成视频"按钮，如图8-19所示。

Step 05 将所选图片生成视频。页面随即自动切换至"视频生成"操作界面，单击"生成视频"按钮，将所选图片生成视频，如图8-20所示。随后下载该视频备用。

图8-19　放大图片并生成视频

图8-20　生成并下载视频

Step 06　重新编辑文字。在前面生成的四张图片左下角单击 ✐ 按钮，系统自动打开"图片生成"选项卡，在文本框中对文字进行修改，再次单击"立即生成"按钮，如图8-21所示。

图8-21　重新编辑文字

Step 07　生成新图片。编辑文字后生成四张新图片，如图8-22所示。

图8-22　四张新图片

Step 08　图片生成视频。从生成的图片中选择一张满意的图片，参照Step04、Step05生成视频，并下载视频备用，如图8-23所示。

图8-23　生成并下载视频

2. AI创作背景音乐

音乐在广告宣传短视频中至关重要，它能够增强情感共鸣，快速吸引观众注意力，营造出独特的氛围，并帮助传递品牌信息，使广告内容更加生动有趣，加深观众对产品及品牌的记忆点。下面使用海绵音乐自动生成一段适用于产品宣传短视频的背景音乐。

Step 01 登录海绵音乐。打开海绵音乐官网，单击"创作"按钮，如图8-24所示。

Step 02 生成并下载音乐。进入"创作"界面，在"输入灵感"文本框中输入对音乐的描述词，开启"纯音乐"开关。单击"生成音乐"按钮，系统随即根据关键词自动生成三首音乐，试听后确定要使用的音乐。单击其右侧的"分享"按钮，在展开的列表中单击"下载视频"按钮，如图8-25所示。音乐将以MP4格式保存到指定位置。

图8-24　海绵音乐官网首页

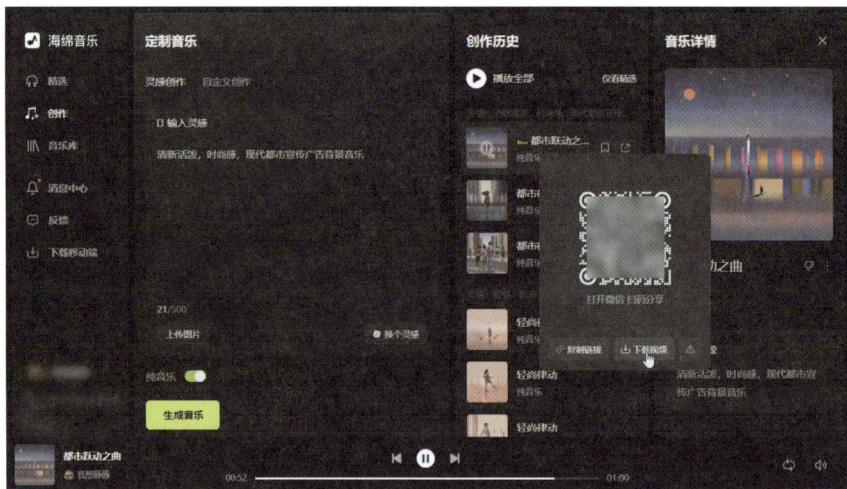

图8-25　生成并下载音乐

3. 剪辑视频

视频素材处理完毕，接下来使用电脑端剪映完成产品宣传短视频的剪辑工作。

Step 01 开始创作视频。启动电脑端剪映，在首页中单击"开始创作"按钮，如图8-26所示。

图8-26　剪映首页

Step 02 批量添加视频素材。进入"创作"界面，将之前使用即梦AI处理好的所有产品宣传视频素材选中，向剪映的"时间线"窗口中拖动，如图8-27所示。

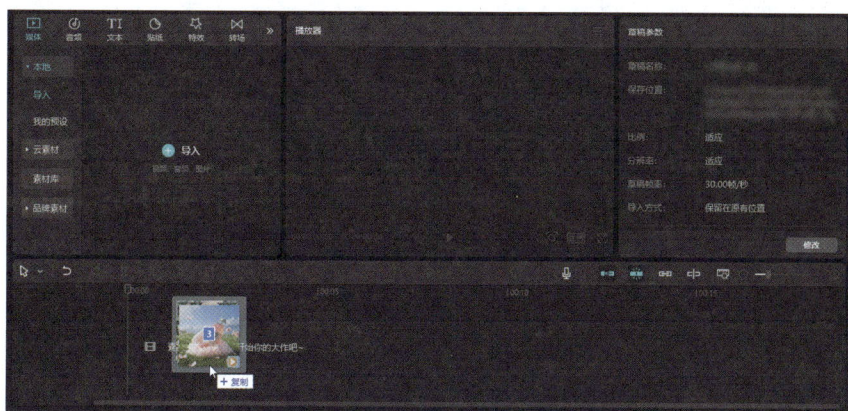

图8-27　批量添加视频素材

Step 03 视频添加成功。松开鼠标后，所有视频随即便被添加到"时间线"窗口中的视频轨道内，如图8-28所示。

图8-28　视频添加成功

Step 04 调整视频播放顺序。在轨道中选择一个视频素材，按住鼠标左键进行拖动，可以调整其播放顺序，如图8-29所示。

Step 05 添加默认文本素材。将时间轴定位于轨道最左侧，在素材区域打开"文本"面板，单击"默认文本"上方的"添加到轨道"按钮，添加一个文本素材，如图8-30所示。

图8-29　调整视频播放顺序

图8-30　添加默认文本素材

Step 06 输入宣传文案。保持文本素材为选中状态，在功能区中的"文本"面板内输入8.3.2小节使用AIGC工具自动生成的宣传文案，并对文案进行适当删减，如图8-31所示。

Step 07 朗读文本。保持文本素材为选中状态，切换到"朗读"面板，选择一个合适的声音。此处选择"广告男生"，单击"开始朗读"按钮，如图8-32所示。

Step 08 生成音频素材。朗读完成后，"时间线"窗口中将出现相应的音频素材，如图8-33所示。

Step 09 删除文本素材。在轨道中将文本素材选中，按Delete键，将文本素材删除，如图8-34所示。

图8-31　输入宣传文案

图8-32　朗读文本生成

图8-33　生成音频素材

图8-34　删除文本素材

Step 10 添加背景音乐。将之前用海绵音乐生成的背景音乐素材拖动至剪映的"时间线"窗口，如图8-35所示。

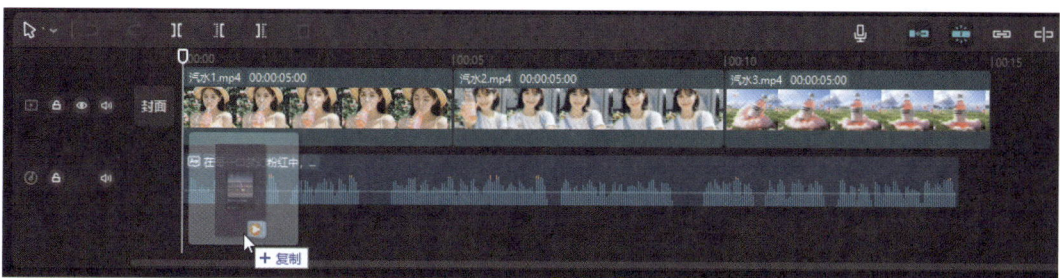

图8-35　添加背景音乐

Step 11 分离背景音乐的画面和声音。背景音乐素材随即被添加到轨道中，右击背景音乐素材，在弹出的快捷菜单中选择"分离音频"选项，如图8-36所示。

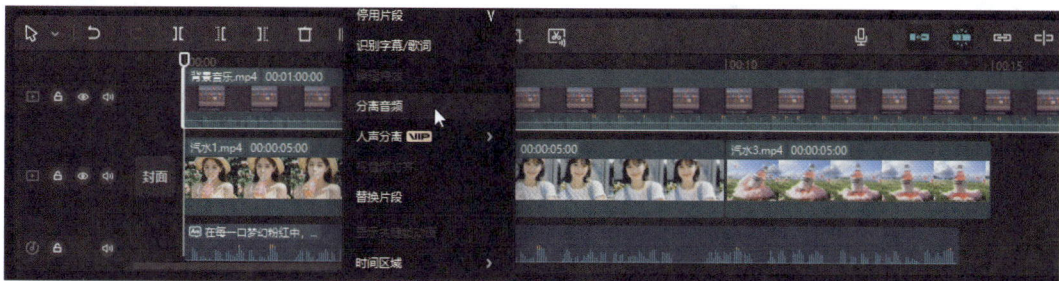

图8-36　分离背景音乐的画面和声音

Step 12 删除背景音乐的画面素材。背景音乐的声音和画面随即被分开在不同轨道中显示，选中背景音乐的画面素材，按Delete键将其删除，如图8-37所示。

Step 13 裁剪背景音乐。选中背景音乐素材，将时间轴移动到视频素材的结束位置，在工具栏中单击"向右裁剪"按钮，将多余的音乐删除，如图8-38所示。

图8-37　删除背景音乐的画面素材

图8-38　裁剪背景音乐

Step 14 设置背景音乐的音量和淡出效果。保持背景音乐素材为选中状态，在功能区中打开"基础"面板，向左拖动"音量"滑块，适当降低背景音乐的音量，拖动"淡出时长"滑块，为背景音乐添加淡出效果，如图8-39所示。至此，完成产品宣传短视频的制作。最后将制作完成的视频导出即可。

图8-39　设置背景音乐的音量和淡出效果